地理大千世界丛书

风云变幻

fengyun bianhuan

策　划　宝骏　建华

主　编　徐强　兰常德

汪冬秀　肖强　参加编写

百花洲文艺出版社
BAIHUAZHOU LITERATURE AND ART PRESS

编写说明

　　本着激发地理求知兴趣、开拓地理视野、服务中学地理教学的宗旨，本套丛书从宇宙、大气、海洋、地表形态等方面对地理知识进行了多角度的阐述。丛书力求突出如下特色：内容生动活泼，选材主要来自日常生活、社会焦点和科学技术前沿；栏目新颖丰富，设置了智慧导航、小风铃探究、眼镜爷爷来揭秘、智慧卡片等栏目；结构清晰严谨，每册丛书有一个主要课题，每个章节都对这个课题进行了诠释。

　　本套丛书对丰富学生地理知识、培养地理学习兴趣、树立正确的地理情感和观念有着积极的作用。它是中学地理教材的重要补充，是学生获得更多地理知识的重要来源。本套丛书注重知识的探究、发现、感悟和建构，对学生思维能力、分析操作能力的培养也是大有裨益的。

　　全套丛书共十册，由叶滢主编，其中《宇宙星神》由王雪琳、廖琰洁主编，邓春波参与编写；《风云变幻》由徐强、兰常德主编，汪冬秀、肖强参加编写；《走进海洋》由刘林、肖强主编；《华夏览胜》由邓春波、彭友斌主编，廖琰洁参加编写；《世界漫游》由文沫、赖童玲主编，邱玉玲参加编写；《鬼斧神工》由汪冬秀、刘小文主编；《人地共生》由刘煜、徐小兰主编；《自然灾害》由胡祖芬、谢丽华主编；《学以致用》由谭礼、罗奕奕主编；《千奇百怪》由杨晓奇、邱玉玲主编。全套丛书由叶滢负责统稿定稿，廖琰洁、邱玉玲、徐小兰、肖强也参加了统稿工作。

在本书的编写过程中参考和引用了一些学者、教师的研究成果及相关资料，限于篇幅不能一一列举，在此一并表示诚挚的感谢！

这套丛书的出版，希望能得到广大中学生读者的喜爱。地理知识是博大精深的，也是不断与时俱进的。限于我们的水平和时间，这套丛书中难免会有不尽如人意之处。我们诚恳地希望大家提出宝贵意见，以便日后修改，不断完善。

丛书编写组
2012年7月

目录

第一章　地球的保护伞
——大气层

智慧导航

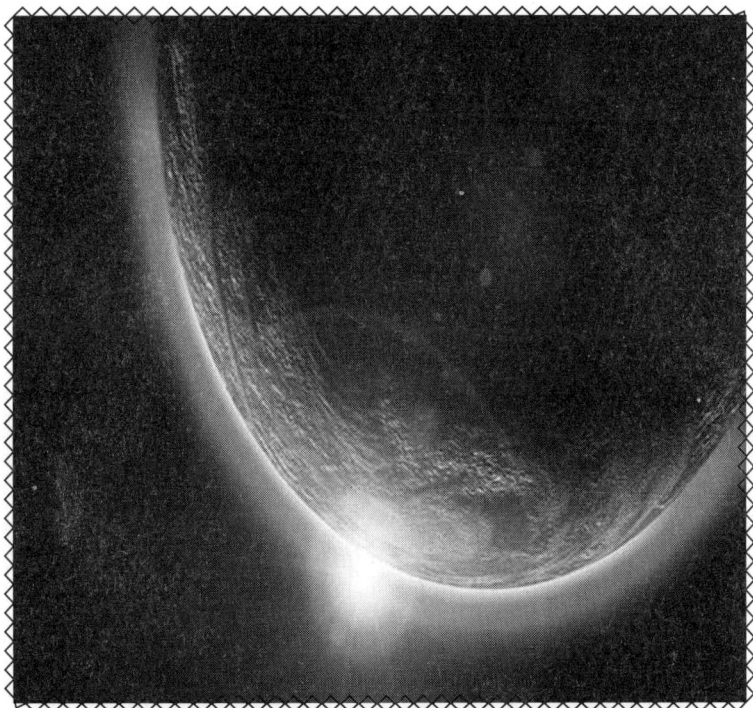

从太空看地球,地球是一个美丽迷人的蓝色星体。在边缘弧状的地平线上方,有一层蓝色的薄雾,这是覆盖在地球表面的"大气层"。它的重要性无与伦比,除了供给生物呼吸的氧气,还具有抵挡紫外线、帮助保温、避免陨石撞击等功能。如果没有大气层,地球上的所有生物将难以生存。

一、地球大气的由来

人类赖以生存的大气,围绕着整个地球形成一个巨大的气体圈层,这个圈层称为大气层。大气在没有污染的情况下是透明、无色、无味、无臭的。这层大气由许多种气体组成,其中所包含的氧气对于人类的生存最为重要。这

层大气处在不停的运动之中，我们所感觉到的风就是大气运动的表征。这层大气可以传递声波，帮助人类进行语言交流。这层大气的存在，还可以阻止有害于人类健康的辐射线进入人类居住的环境，保护人类的正常生活和世代繁衍。这层大气对于人类和社会的进步实在是太重要了。

大气还以它变幻莫测的魅力吸引着人们。很早以前，人们就对这扑朔迷离的大气世界产生了极大的兴趣。人们都承认，地球大气是伴随着地球的形成过程，经过了亿万年的不断"吐故纳新"，才演变成今天的这个样子。

小风铃探究

大气是怎样诞生的？原始大气是什么样子？是否与今天的大气一样？

眼镜爷爷来揭秘

地球刚诞生的时候，大气层主要成分是水蒸气、二氧化碳和氮气，氧气含量非常少。一直到30多亿年前，开始出现体内含叶绿素、能进行光合作用的生物蓝绿藻，它们吸收二氧化碳、释放出氧气，使大气中的氧气逐渐增加。至于原始大气中的水蒸气，在凝结成雨、形成海洋后大量减少，因此现在大气层的主要成分是氮气、氧气和少量的二氧化碳。

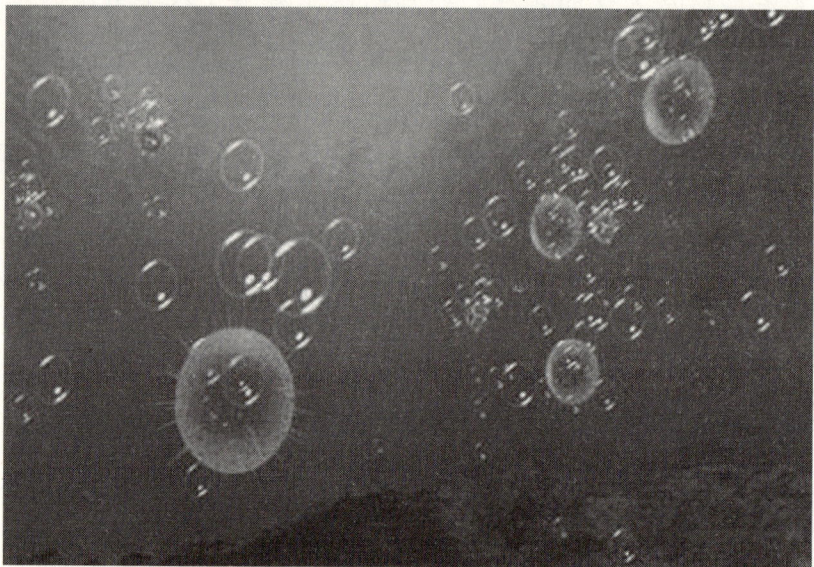
绿藻

绿藻出现后，它所创造出的氧气含量，接近目前约占大气总量22%的状态。当氧气累积到足够浓度，在太阳辐射下形成臭氧层，可以吸收有害的紫外线，从此生物才能登上陆地。

原始大气阶段

大约在50亿年前，大气伴随着地球的诞生就神秘地"出世"了。也就是拉普拉斯所说的星云开始凝聚时，地球周围就已经包围了大量的气体了。原始大气的主要成分是氢和氦。当地球形成以后，由于地球内部放射性物质的衰变，进而引起能量的转换。这种转换对于地球大气的维持和消亡都是有作用的，再加上太阳风的强烈作用和地球刚形成时的引力较小，使得原始大气很快就消失掉了。

次生大气阶段

地球生成以后，由于温度的下降，地球表面发生冷凝现象，而地球内部的高温又促使火山频繁活动，火山爆发

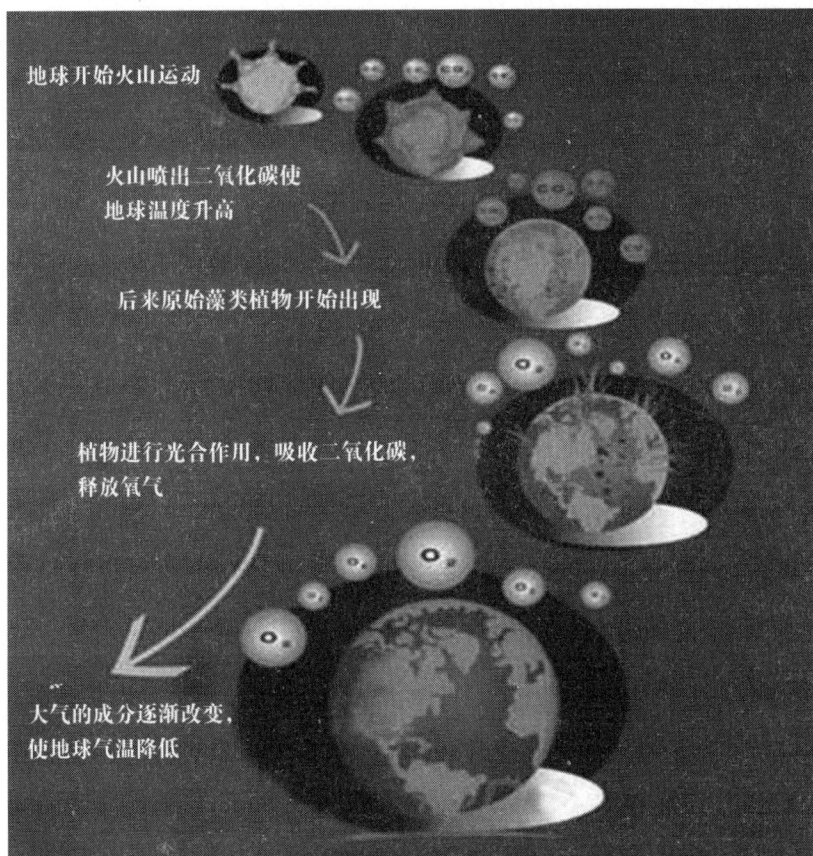

地球开始火山运动

火山喷出二氧化碳使地球温度升高

后来原始藻类植物开始出现

植物进行光合作用，吸收二氧化碳，释放氧气

大气的成分逐渐改变，使地球气温降低

大气的演变过程

时所形成的挥发气体，就逐渐代替了原始大气，而成为次生大气。次生大气的主要成分是二氧化碳、甲烷、氮、硫化氢和氨等一些分子量比较大的气体。这些气体和地球的固体物质之间，互相吸引，互相依存。

今日大气阶段

随着太阳辐射向地球表面的纵深发展，光波比较短的紫外线强烈的光合作用，使地球上的次生大气中生成了氧，而且氧的数量不断地增加。有了氧，就为地球上生命的出现提供了极为有利的"温床"。经过几十亿年的分解、同化和演变，生命终于在地球这个襁褓中诞生了。原始的单细胞生命，在大气所纺织成的"摇篮"中，不断地演变、进化，终于发展成了今天主宰世界文明的高级人类。今天的大气也在这个过程中，获得了如此一个"美满的家庭"。

二、看不见的大力士

17世纪时，意大利科学家托里拆利利用一根80厘米长、一端密闭的玻璃管，装满水银后倒放在槽中，测出水银垂直高76厘米。这时管子的内、外压力平衡，换算等于一大气压为每平方厘米

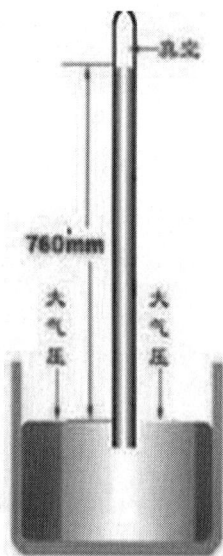

有1.0336公斤重的力。

小风铃探究

在用吸管吸饮料时，有没有想到过为什么饮料会进入口中？当生病挂药水时，为什么瓶子的下端有两根管子，一根通往人体，而另一根却通往空气呢？

眼镜爷爷来揭秘

由于地球引力的作用，无数气体分子被吸附在地球表面。虽然气体分子看不见摸不着，但它们和液体或固体一样占有体积和重量，只是气体分子与分子之间的引力很小，所以在空中不断地高速自由运动，彼此相互碰撞。生活在地表上的我们，每时每刻都受到大气重量所产生的压力，只有人体内有相同的力量彼此抵消，所以才不会被压扁。

在没有空气压力的太空中，人的眼睛会爆出，肚子会膨胀，血液还会沸腾呢！因此宇航员要穿宇航服来维持压力。

小故事大智慧

　　1654年，普鲁士马格德堡市长葛里克为了证明大气压的存在，把两个铜制空心半球抽去内部空气，将内部几乎是真空的

马德堡半球实验

两个铜半球被外部的气压压紧而密合，最后两边各用了8匹马才拉开。

　　当生病挂药水时，为什么瓶子的下端有两根管子，一根通往人体，而另一根却通往空气？实际上这又是大气压的缘故。在药水不断地往下滴的过程中，药水在不断地减少，里面气体体积在不断增大，压强就会减小，这时外界的大气压就会把外面的气体

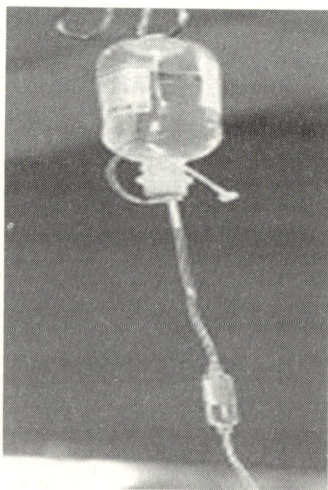

压入瓶内，使气压增大，药水才会不断流下来。如果没有了这根
与外界相通的管子，药水就不会继续往下流了。

吸管内的空气被吸走一部分，内外产生压力差，吸管外
的大气压会将饮料压入吸管内。

在车辆的轮胎内打入压缩的空气，包着高压空气的轮胎
即可撑起车子的重量。

英国科学家波义耳发现，在恒温下，一定质量的气体，压力增加时，体积会变小；压力减少时，体积会增加，也就是空气具有被压缩的特性，称为"波义耳定律"。

布尔登气压计

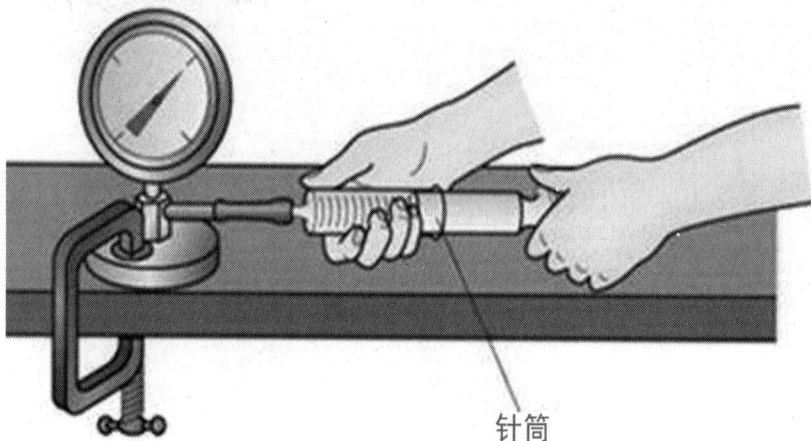

针筒

考考你

生活到处都充满着大气压，你还能列举出其他的例子吗？

三、地球的保温毯

地球在不断地自转和公转，经历昼夜交替。地球表面的温度维持在15℃左右。

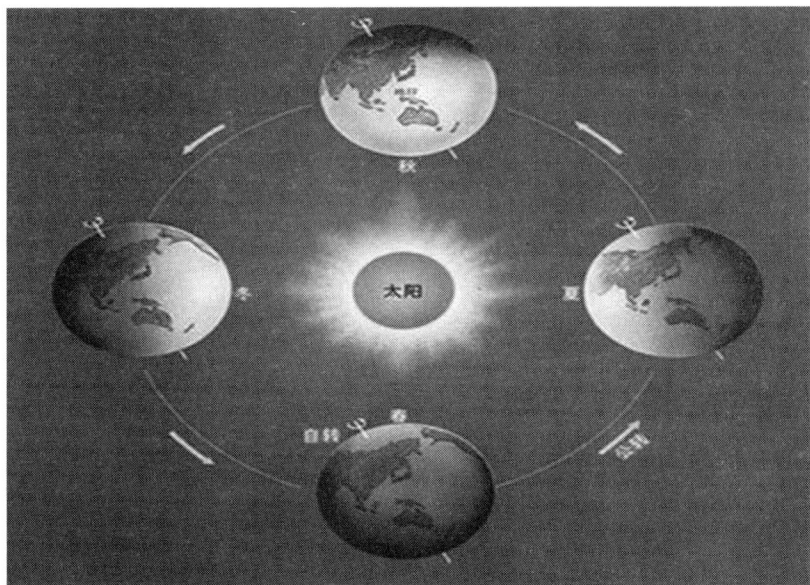

地球的自转与公转

小风铃探究

后羿射日的传说你听说过吗？为什么要把10个太阳中的9个射掉？为什么说：有云的白天气温不会太热；有云的夜晚气温不会太低？

眼镜爷爷来揭秘

大气层像一件毯子帮地球保暖，让气温维持在适宜生物居住的状态。当阳光照射地球时，地表吸收一部分热量，地面辐射散出的热量有一部分被某些气体吸收和保存。这个现象就像阳光穿透温室玻璃，温室内热能被玻璃阻隔而较少逸散，因此称为"温室效应"。

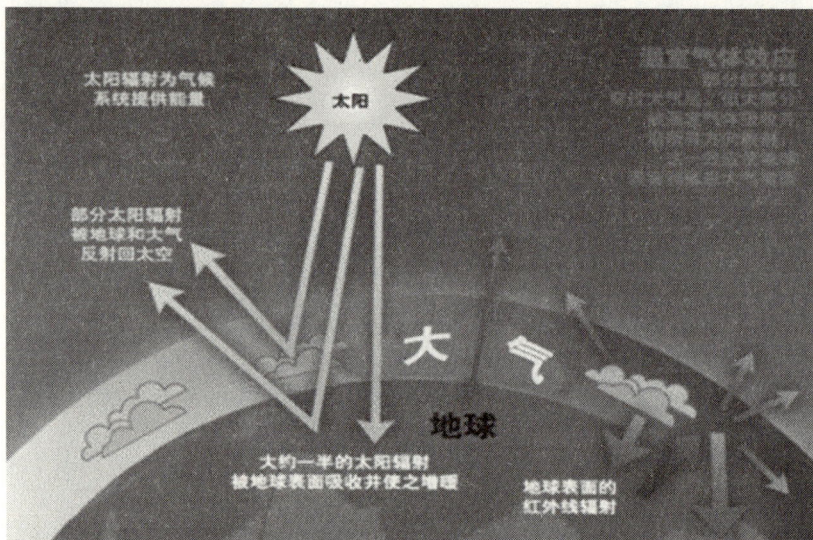

大气在增温的同时，也向外辐射热量。大气的温度比地面还低，所以大气辐射也是红外线长波辐射。大气辐射的一部分向上射向宇宙空间，大部分向下射到地面。射向

大气的反射作用

大气的保温作用

地面的大气辐射，方向刚好与地面辐射相反，称为大气逆辐射。大气逆辐射又把热量还给地面，这就在一定程度上补偿了地面辐射损失的热量，起到了保温作用，使地面温度变化比较缓和。天空有云，特别是浓密的低云，逆辐射更强。所以多云的夜晚通常比晴朗的夜晚温暖些。

多云的白天，大气层比较厚，大气对太阳辐射的削弱作用强，到达地面的太阳辐射少，所以气温不是很高。

夜里有云时，地面长波辐射到达云层时又反射到地面，循环往复，地面气温较高。

月球白天在阳光直射的地方温度可达 127°C

夜晚则降至 −183°C

月球没有大气层，日夜温差大，白天阳光照射时温度是127℃，夜晚−183℃。地球有大气层帮助保温，减少日夜温差，平均温度约15℃。

智慧卡片

一天中的最高气温并不出现在太阳辐射最强的正午，而是出现在午后2时（或14时）左右。这是因为正午过后，太阳辐射虽已开始减弱，但地面获得太阳辐射的热量仍比地面辐射失去的热量多，地面储存的热量继续增多，地面温度继续升高，地面辐射继续增强，气温也继续上升。随着太阳辐射的进一步减弱，地面获得太阳辐射的热量开始少于地面辐射失去的热量时，也就是当地面热量由盈余转为亏损的时候，地面温度达到最高值。地面再通过辐射、对流、湍流等方式将热量传给大气，还需要一个过程，因此午后2时左右，气温才达到最高值。随后，太阳辐射继续减弱，地面热量继续亏损，地面温度不断降低，地面辐射不断减弱，气温随之不断下降，至日出前后，气温达最低值。

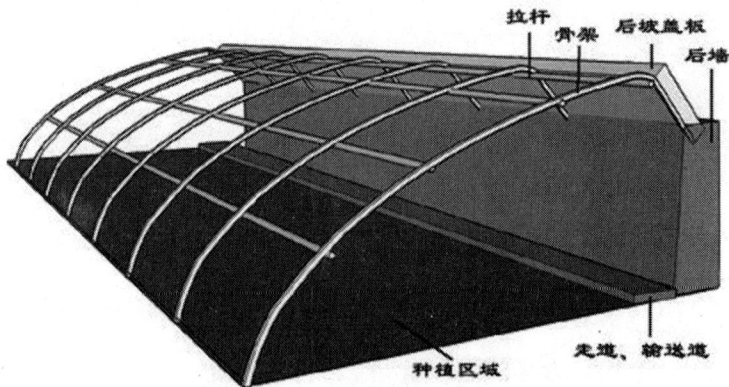

温室大棚

温室大棚又称暖房，能透光、保温（或加温），是用来栽培植物的设施。在不适宜植物生长的季节，能提供生育期和增加产量，多用于低温季节喜温蔬菜、花卉、林木等植物栽培或育苗等。温室大棚采用的是吸热保温原理，一方面大棚的材料可以采光吸热，二是同时也有保持温度的作用，防止热量散失。

温室种植

蔬菜运输专用道

以前一到冬天，我国北方地区由于气温较低，蔬菜供应不足，需从南方大量运送，为此还开辟了蔬菜运输专用道。自从北方也开始用温室种植后，反季节蔬菜就可以大量供应市场。

小故事大智慧

当黎明预示晨光来临时，栖息在树梢的太阳便坐着两轮车穿越天空。10个太阳每天一换，轮流穿越天空，给大地万物带去光明和热量。

那时候，人们在大地上生活得非常幸福和睦。

人和动物像邻居和朋友那样生活在一起。人们按时作息，日出而耕，日落而息，生活美满。人和动物彼此以诚相见，互相尊重对方。那时候，人们感恩于太阳给他们带来了时辰、光明和欢乐。

可是，有一天，这10个太阳想到要是他们一起周游天空，肯定很有趣。于是，当黎明来临时，10个太阳一起爬上车，踏上了穿越天空的旅程。这一下，大地上的人们和万物就遭殃了。10个太阳像10个火团，他们一起放出的热量烤焦了大地。

　　森林着火啦，烧成了灰烬，烧死了许多动物。那些在大火中没有烧死的动物流窜于人群之中，发疯似地寻找食物。

　　河流干枯了，很多鱼都死了，水中的怪物便爬上岸偷窃食物。许多人和动物渴死了。农作物和果园枯萎了，供给人和家畜的食物也断绝了。一些人出门觅食，被太阳的高温活活烤死；另外一些人成了野兽的食物。人们在火海里挣扎着生存。

　　这时，有个年轻英俊的英雄叫做后羿，他是个神箭手，箭法超群，百发百中。他看到人们生活在苦难中，便决心帮助人们脱离苦海，射掉那多余的9个太阳。于是，后羿爬过了99座高山，迈过了99条大河，穿过了99个峡谷，来到了东海边。他登上了一座大山，山脚下就是茫茫的大海。后羿拉开了万斤力弓弩，搭上千斤重利箭，瞄准天上火辣辣的太阳，"嗖"地一箭射去，第一个太阳被射落了。后羿又拉开弓弩，搭上利箭，"嗡"的一声射去，同时射落了两个太阳。这下，天上还有7个太阳瞪着红彤彤的眼睛。后羿感到这些太阳仍很焦热，又狠狠地射出了第三支箭。这一箭射得很有力，一箭射落了四个太阳。其他的太阳吓得全身打战，团团旋转。就这样，后羿一支接一支地把箭射向太阳，无一虚发，射掉了9个太阳。中了箭的9个太阳无法生存下去，一个接一个地死去。他们的羽毛纷纷落在地上，他们的光和热一个接一个地消失了。大地越来越暗，直到最后只剩下一个太阳的光。

　　可是，这个剩下的太阳害怕极了，在天上摇摇晃晃，慌慌张张，很快就躲进大海里去了。天上没有了太阳，立刻变成了一片黑暗。万物得不到阳光的哺育，毒蛇猛兽到处横行，人们无法生活下去了。他们便请求天帝，唤第十个太阳出来，让人类万物繁衍下去。

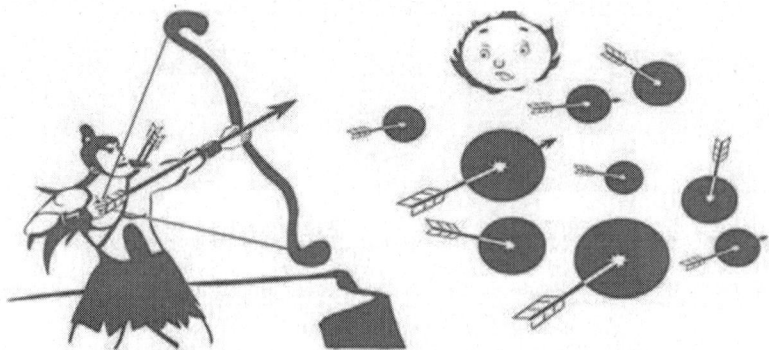

一天早上，东边的海面上，透射出五彩缤纷的朝霞，接着一轮金灿灿的太阳露出海面来了！

从此，这个太阳每天从东方的海边升起，挂在天上，温暖着人间，禾苗得生长，万物得生存。

四、保卫最前线

大气层在垂直方向上的物理性质有显著的差异，根据温度、成分、电荷等物理性质，以及大气的运动特点，可将大气层自地面向上依次分为对流层、平流层、中间层、暖层及散逸层。

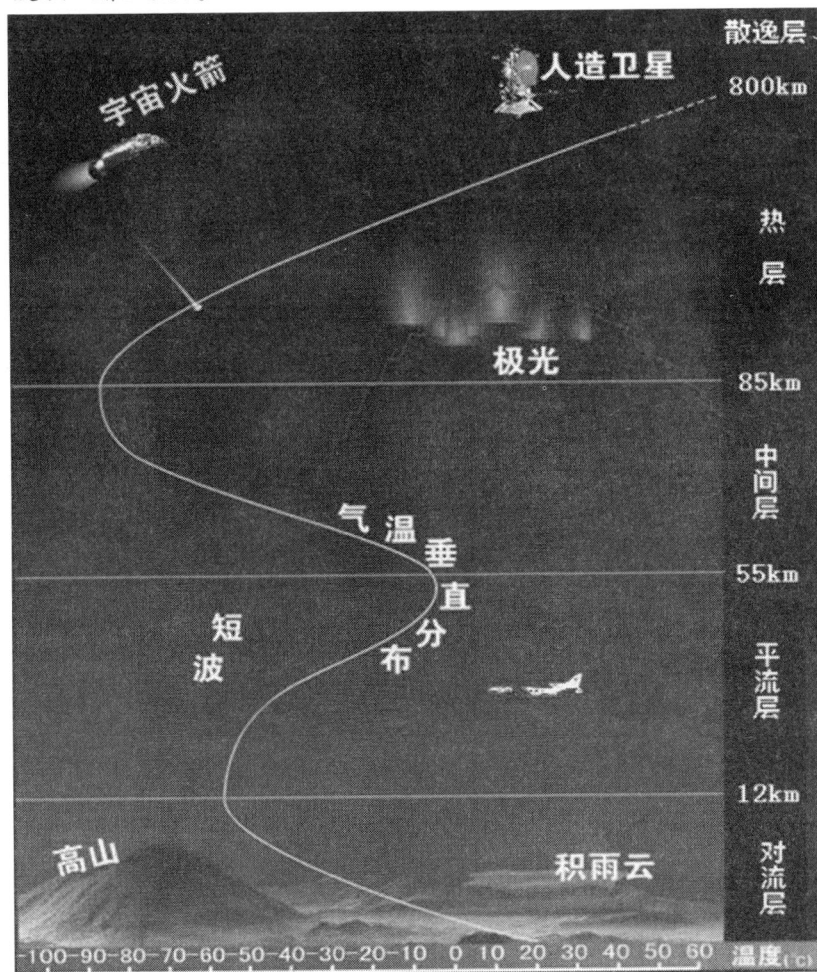

大气的分层

(一) 对流层

对流层是大气圈最下面的一层,它的厚度随纬度而异,赤道附近厚17公里~18公里,两极仅8公里~9公里,平均厚度约11公里~13公里。而且厚度还随季节变化，一般夏季较大，冬季较小。

对流层的主要特征是：①温度随高度增加而降低。距地面越高，所获得的热量越少；②空气具有强烈的对流运动。空气对流使地面的热量、水汽和杂质向高空输送，从而发生一系列天气现象，如风、雪、雨、云等；③对流层受人类活动影响最显著，人类生产活动排放的大气污染物绝大部分都集中在该层。

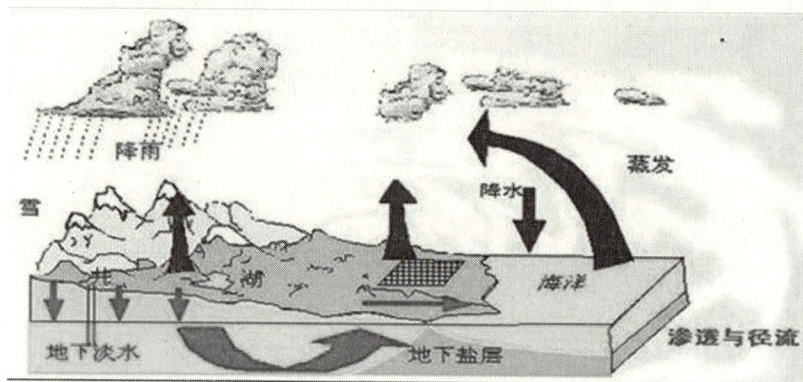

（二）平流层

平流层是从对流层顶至35公里~55公里高空的大气层。平流层的最显著特点是气流以水平方向运动为主，且因此而得名。飞机一般在平流层中飞行。平流层基本不含水汽和尘埃物质，不存在对流层中的各种天气现象。在该层的上部（30公里~55公里）存在多层的含臭氧层，它能吸收来自太阳的99％以上对生命有害的紫外线，所以称它是

"地球生物的保护伞"。

（三）中间层

自平流层顶至85公里左右高空的大气层。由于这里没有臭氧吸收太阳辐射的紫外线，气温随高度增大而迅速下降，该层的顶部已出现较弱的电离现象。

（四）暖层

又称电离层，为从中间层顶到800公里的高空。该层的空气已很稀薄。因紫外线及宇宙射线的作用，氧、氮被分解为原子，并处于电离状态，能反射不同波长的无线电波，故在远距离短波无线电通讯方面具有重要意义。

（五）散逸层

也称外逸层，位于800公里以上至2000公里～3000公里的高空，空气已极为稀薄。因离地面太远，地球引力作用弱，空气粒子运动速度很快，所以气体质点不断向外扩散。

小风铃探究

经常有一些"不速之客"冒冒失失入侵地球，地球该怎么防卫呢？

眼镜爷爷来揭秘

抵挡紫外线

在对流层上方是平流层，特点是温度随高度而增加，形成下冷上热的结构，不易产生热空气上升、冷空气下沉的对流现象，空气状态稳定，气流多是水平方向。当污染物、火山灰和核爆辐射等悬浮物进入平流层，可能停留好几个月甚至几年都无法消散。在平流层中含有能保护地球生物的臭氧层，如果大气中的臭氧含量减少1%，估计照到地表的紫外线就增加2%，如果没有臭氧层，将严重影响所有生物的生存。

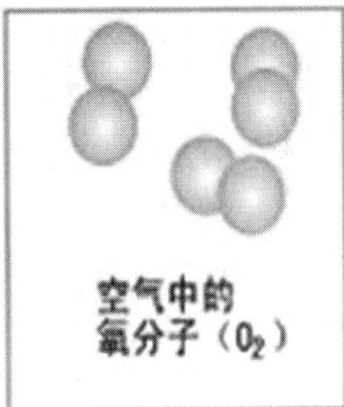

太阳紫外线

空气中的氧分子（O_2）

空气中的氧分子在外能量的作用下分解成氧原子（O）

氧原子重新组合成化学性质极不稳定的臭氧（O_3）

臭氧层的保护作用

臭氧是具有刺激性气味的气体，颜色略呈淡蓝色。氧气受太阳辐射分解为两个氧原子，一个氧原子和一个氧分子结合成臭

氧：这个过程在不断循环，使得臭氧维持一定含量。臭氧在距离地面20——30公里处含量最浓，称为臭氧层。就是因为臭氧吸收紫外线能力，所以平流层的上层温度较高，并保护人类免遭紫外线的晒伤。

抵御飞石

中间层的空气很稀薄，不过这些气体分子已经足以和太空飞

来的尘埃或碎片产生摩擦而燃烧，避免地表生物直接受到撞击。

太空飞来的尘埃、碎块在飞入地球时，和气体分子高速摩擦而产生高热、燃烧，叫做流星。少数体积较大的碎块，在还没烧完时就坠落地表，叫做陨石。

抵御太阳风

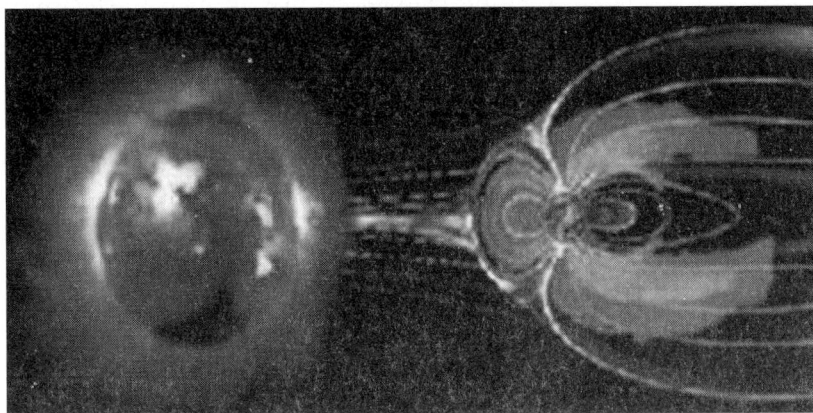

太阳风

极光

　　来自太阳的高速带电粒子喷流，称为太阳风。靠地球磁场的防护，太阳风无法直接侵袭地表，但仍有少数带电粒子从南极北极渗入，和空气摩擦而形成极光。

第二章 大气中神奇的光学现象

智慧导航

太阳光线通过大气层时，发生选择性吸收、散射、反射、折射和衍射等，改变原来的路径和颜色，呈现出的各种色彩缤纷的光学现象。

当你站在湖边观看水中的景象，或是看到雨后的彩虹，会不会觉得大自然的神奇呢？因为有光的存在，我们才能看到这个万千变化的大气世界！

一、光芒四射

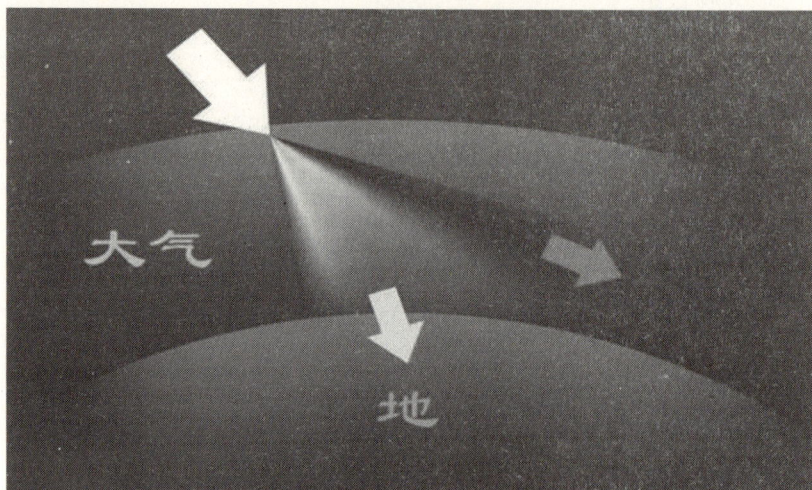

在光通过各种浑浊介质时，有一部分光会向四方散射，沿原来的入射或折射方向传播的光束减弱了，即使不迎着入射光束的方向，人们也能够清楚地看到这些介质散射的光。这种现象就是光的散射。

小风铃探究

天空为什么是蓝的？为什么水平线上的天空不全是蓝色？从

太空或月球上看到的天空是什么颜色？紫光比蓝光波长更短，那
么天空为什么不是紫色的？

眼镜爷爷来揭秘

在天朗气清的日子，天空一片蔚蓝。要解释这个现象，我们
首先要知道阳光是由不同波长的光组成的 ——简单地说是由不同
颜色的光所组成。

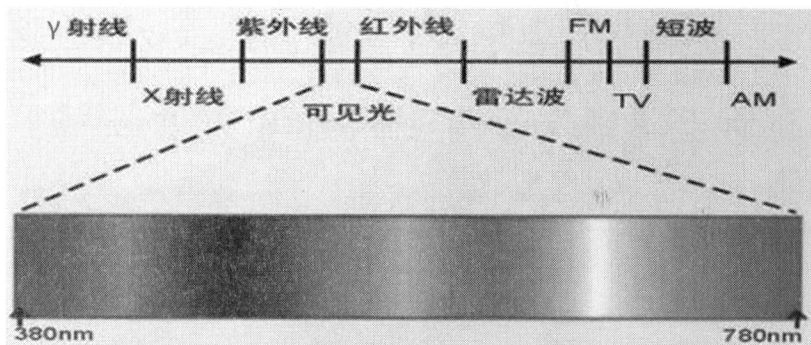

可见光是电磁波谱中人眼可以感知的部分，可见光谱没
有精确的范围；一般人的眼睛可以感知的电磁波的波长在400
纳米到700纳米之间，但还有一些人能够感知到波长大约在
380纳米到780纳米之间的电磁波。正常视力的人眼对波长约
为555纳米的电磁波最为敏感，这种电磁波处于光学频谱的绿
光区域。人眼可以看见的光的范围受大气层影响。大气层对

于大部分的电磁波辐射来讲都是不透明的，只有可见光波段和其他少数如无线电通讯波段等例外。不少其他生物能看见的光波范围跟人类不一样，例如包括蜜蜂在内的一些昆虫能看见紫外线波段，对于寻找花蜜有很大帮助。

光线通过有尘土的空气或胶质溶液等媒质时，部分光线向多方面改变方向的现象，叫做"光的散射"。

天空呈现蓝色

光的散射

蔚蓝的天空

是因为红、橙、黄、绿、青、蓝、紫这七种颜色的光波长是不一样的。大气中的尘埃以及其他微粒散射蓝光的能力大于散射其他波长较长的光子的能力，因此天空呈现出蓝色。

想象中的天空

有人会问，紫光的波长比蓝光的波长更短，天空为什么是蓝的而不是紫的？虽然说光的波长越短，被散射的越多，但是被散射的光线里还是各种波长的都有。就是说散射的光线里包含红、橙、黄、绿、青、蓝、紫等各种颜色。人眼对紫光的感觉较弱，这些光线综合在一起，结果我们看到的天空是蓝色而不是紫色。

为什么水平线上的天空不全是蓝色？

事实上，水平线上的天空比天顶较光亮。天空的光亮程度在于阳光照射时遇上的分子数量。分子越多，天空越亮。

因此，天顶显得较暗，而近水平线的方向却十分光亮。

　　下图是上海一幢有名的大楼照片。大楼屋顶像莲花座，每天晚上楼顶上的几束强光刺破夜空，也算是外滩的一景。我们能看到这几道光束，就是散射的作用。如果城市上空的空气不干净，悬浮尘埃越多，散射就越强，光束就会显得很亮。反之，光束就会显得很淡。如果晚上我们

基本上看不到这几道光束了，也许白天我们的城市就会有
蓝色的天空了。

　　再看上图，清晨的薄雾和河面上的水汽所产生的散射
光使画面有一种缥缈如仙景的感觉。雾是由许多细小的水
点形成的，它能产生大量的散射光。所以在薄雾笼罩下的
景物，能比较明显地区分出前景、中景和远景，从而表现
出空间的纵深感。此外，薄雾还能掩盖杂乱无章的背景，
有利于突出画面中的主要形象，提高作品表现力。

　　看上图，拍摄者巧妙地用树叶挡住了相当部分的直射
向镜头的太阳光，而射向四周的阳光在散射的作用下营造

出一种特别的气氛，是不是作者有意要表达寺庙佛光普照的意境？

智慧卡片

为什么交通信号灯都采用红、黄、绿三种颜色？

采用这三种颜色是根据光学原理来确定的。红色光的波长最长，穿透空气的能力最强，人们在很远的地方就能看见，而且红色最能引起人们的注意，因此红灯被用作禁止通行的信号。黄色光的波长也比较长，被用作警告信号。绿色与红色的区别最大，容易分辨，被作为通行信号。采用这三种颜色还和人的视觉结构有关。我们眼睛的视网膜上含有杆状和锥状感光细胞。杆状细胞对黄色光特别敏感，锥状细胞则对红光、绿光最敏感。因此人们最容易分辨红色和绿色。

二、海市蜃楼

1788年，拿破仑率军进攻埃及。有一天，法军在行进途中，突然看见前面有一片模糊的湖光山景，景物倒悬在空中，不一会儿，湖泊又消失得无影无踪。随后，他们又看到草叶变成了棕榈树丛。这种变幻莫测的影像使法军十分惊慌、不知所措，士兵们个个被吓得跪在地上祷告。

拿破仑行军图

变幻莫测的影像

小风铃探究

拿破仑行军过程中出现的景象难道是神仙显灵？不是的话，

那到底是什么原因呢？

眼镜爷爷来揭秘

地表上方不同的地方的空气层是不同的，有厚有薄，有的密度大，有的密度小。远方的景物发出的光在层与层之间连续发生折射，从整体上看，光逐渐向地面弯曲进入人眼，逆着光线看去，好像是从海面上空的物体上射来的一样，我们就看见了天上仙境。也就是说，这是由于光的折射而产生的"海市蜃楼"现象。

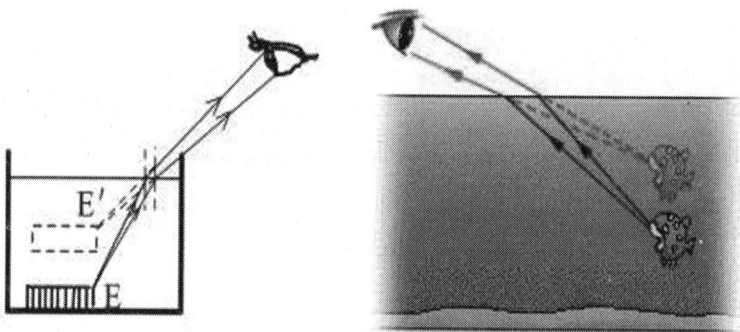

海市蜃楼的原理

当人在一种介质中观察另一种介质中的物体时，观察到的都不是物体的本身，而是由物体发出的光经折射后，折射光线反向延长线相交所得的虚像。如左图，人在空气中看水中的硬币，实际上看到的是硬币的虚像。再有类似的如在岸边看水中的鱼，看到的也是鱼的虚像。

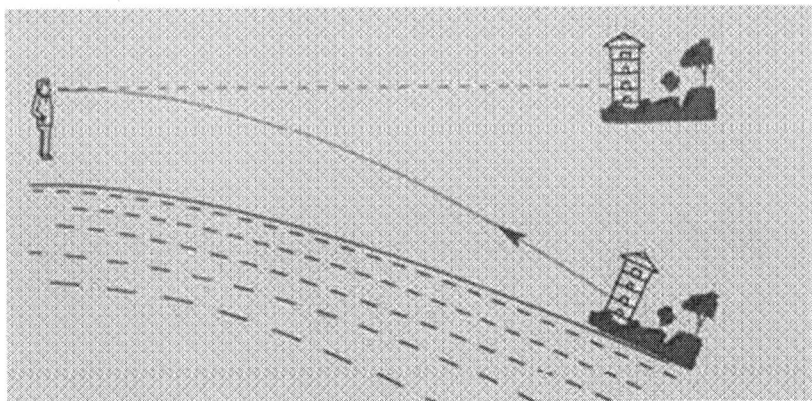

夏天，在平静无风的海面上，向远方望去，有时能看到山峰、船舶、楼台、亭阁、集市、庙宇等出现在远方的空中。人不明白产生这种景象的原因，对它作了不科学的解释，认为是海中蛟龙（即蜃）吐出的气结成的，因而叫做"海市蜃楼"，也叫"蜃景"。其实"海市蜃楼"是光在密度分布不均匀的空气中传播时发生全反射而产生的。夏天，海面上的下层空气温度比上层低，密度比上层大，折射率也比上层大。我们可以把海面上的空气看做是由折射率不同的许多水平气层组成的。远处的山峰、船舶、楼房、人等发出的光线射向空中时，由于不断被折射，越来越偏离法线方向，进入上层空气的入射角不断增大，以致发生全反射，光线反射回地面，人们逆着光线看去，就会看到远方的景物悬在空中。

在沙漠里也会看到"蜃景"。阳光照到沙地上，接近沙面的热空气层比上层空气的密度小，折射率也小。远

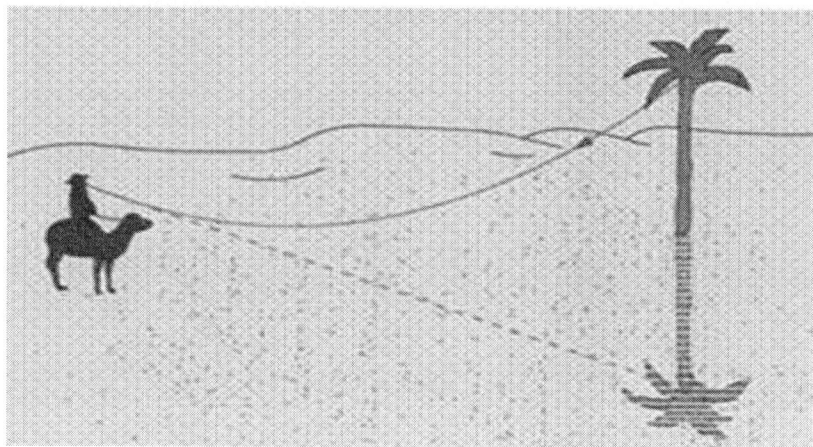

处物体射向地面的光线，进入折射率小的热空气层时被折射，入射角逐渐增大，也可能发生全反射，人们逆着反射光线看去，就会看到远处物体的倒景，仿佛是从水面反射出来的一样。沙漠里的行人常被这种景象所迷惑，以为前方有水源而奔向前去，但总是可望而不可即。

在炎热夏天的柏油马路上，有时也能看到上述现象。贴近热路面附近的空气层同热沙面附近的空气层一样，比上层空气的折射率小。远处物体射向路面的光线，也可能发生全反射，从远处看去，路面显得格外明亮光滑，就像用水淋过一样。

智斗赛诸葛

同学们，下图中的漫画说明了什么问题呢？

这个应该是折射的缘故吧!

三、七色彩环

小风铃探究

《阳光总在风雨后》这首歌大家都耳熟能详，歌词中写道：
"阳光总在风雨后，请相信有彩虹。"雨后才有彩虹，这是为什么呢？

彩虹

眼镜爷爷来揭秘

彩虹是气象中的一种光学现象。当阳光照射到半空中的雨点时，光线被折射及反射，在天空上形成拱形的七彩的光谱。彩虹的七彩颜色：红、橙、黄、绿、青、蓝、紫。

太阳光直射到空气中的水滴，光线被直射及反射，就形成了彩虹。

同学们，通过对彩虹的一些了解，让我们对这个自然现象不再困惑，让我们更加地了解这个自然界。彩虹很美，自然很美，生活处处有美的事物，所以我们要有善于发现美的眼睛。

彩虹形成的原理

我们一起造彩虹

用斜放在水中的镜子将阳光反射到墙上，类似光的色散。

背着太阳浇花，可以自己造"彩虹"。

考考你

除了上面我们提到的造彩虹的方法，你还知道哪些方法制造美丽的七色彩虹吗？

四、迷人的极光

极光

小风铃探究

"极光"的极，所指的是地球的南北两极，也就是说这种光学现象只发生在两极。这其中的原因是什么呢？

眼镜爷爷来揭秘

极光是天空中一种特殊的光，是人们能用肉眼看得见的唯一的高空大气现象，它常常出现在南北半球的高纬度地区，主要是在南极区和北极区。这种光的美丽显示，是由高空大气中的放电辐射造成的。

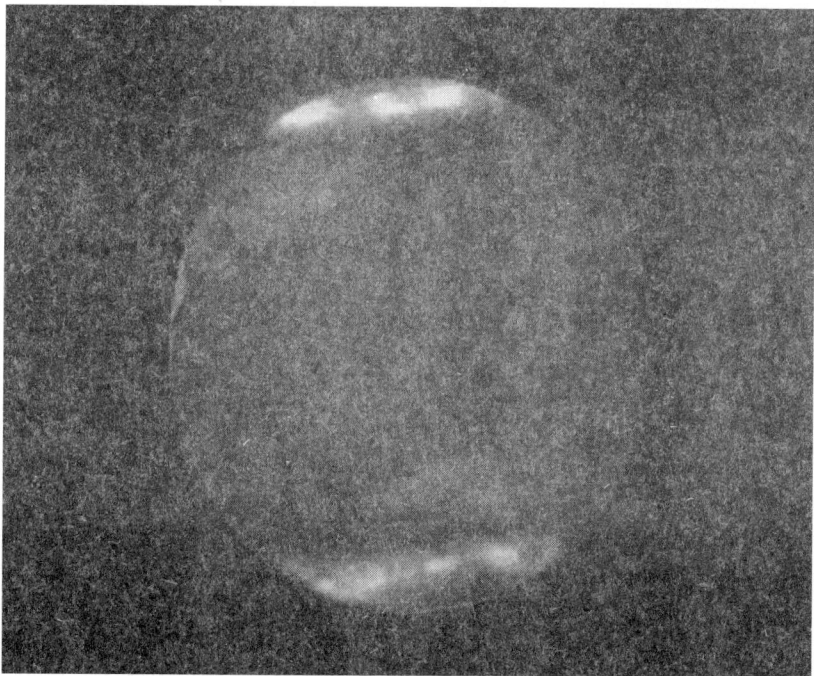

人类首次拍到南北极光"同放光彩"

小故事大智慧

　　自古以来，人们对北极光就有着种种传说。古代的芬兰人称之为"狐火"，因为芬兰地处北极圈内，是北极狐的故乡，那里的人们便认为，这种现象是由无数皮毛发亮的北极狐在芬兰北部靠近北极的拉普兰地区的高山中奔跑造成的。从古希腊一直到罗马帝国，人们都相信北极光是战神手中所执的盾牌上射出来的光辉：每当地球上发生一次战争后，战神就手持盾牌，带着一队天兵天将，把战死在沙场上的亡魂护送到奥林匹斯山上的英灵殿中去，于是天空就出现了北极光。公元37年，罗马帝国皇帝尼禄的军队看到天边附近的夜空中有红光闪烁，以为是住了许多王公贵族的奥斯提亚巷发生火灾，立即将此事禀告皇帝，尼禄马上下令派一支军队去救火，结果扑了一个空。北极光在中古时代被看成是天变的一种，与日食、月食和地震一样，都是政治上将发生大变化的一种预兆。

　　在我国的古书《山海经》中也有极光的记载。书中谈到北方有个神仙，形貌如一条红色的蛇，在夜空中闪闪发光，它的名字叫烛龙。关于烛龙，《大荒北经》有如下一段描述："西北海之外，赤水之北，有章尾山。有神，人面蛇身而赤，直目正乘，其瞑乃晦，其视乃明。不食不寝不息，风雨是竭。是烛九阴，是谓烛龙。"这里所指的烛龙，实际上就是极光。

威斯康星州极光

　　威斯康星州的观天爱好者布莱恩·拉尔梅一夜到室外散步时，发现北极星附近发出微弱的光。他通过手中的照相机捕捉到彭拜恩上空的彩色极光，这比通常出现北极光的位置更靠南。拉尔梅说："当我看到这些光柱变得越来越亮，然后像它们出现时一样慢慢消退时，我感觉无比兴奋。"

　　幽灵般的绿色光幕悬挂在阿拉斯加州冻结的科尤库克河上空。为了第一时间观测到极光，摄影师开车行驶了300多英里（约483公里）。尽管摄影师利用裸眼仅看到一些非常微弱的绿光，但是他的长曝光照片（第46页图）捕捉到大气深处更加微弱的极光。

　　夜晚拍摄的这张照片（第47页图）显示，加拿大埃德蒙顿北部地区上空悬挂着紫色和粉色带状北极光。摄影师佐尔顿·肯韦尔说："不管是什么颜色，每个人至少应该亲眼见一次北极光，以便真正感受到它的壮观。"

第三章 形形色色的天气现象

智慧导航

风云变幻的天气，千奇百怪的天气现象，让大自然更加绚丽多姿。让我们一同去领略这气象万千的世界吧！

一、风

诸葛亮借东风

曹操进攻荆州的时候，刘备孙权两家结成了抗曹联盟。孙权的大将周瑜十分嫉妒刘备的军师诸葛亮的才能，想把他置于死地。他让诸葛亮十天之内造出十万支箭，并立下军令状，若误期造不出便以军法从事。诸葛亮巧妙地利用长江的大雾，在夜里用数十只绑满稻草人的船只在曹营前击鼓呐喊。曹军用箭射击，结果全都射在稻草人身上，诸葛亮不费吹灰之力便得箭十多万支。

诸葛亮又与周瑜共同制定了火攻曹营的计划。但连日来江上一直刮西北风，用火攻不但烧不着北岸的曹兵，反

49

而会烧到自己。周瑜为东风之事闷闷不乐，病倒在床上。诸葛亮知道后，给周瑜开了个"药方"，周瑜打开一看，只见上面写着："欲破曹兵，宜用火攻。万事俱备，只欠东风"。周瑜承认自己的心事被诸葛亮猜中，便问诸葛亮有何办法。诸葛亮说他能借来东风，他让周瑜为他搭起高九尺的七星坛，然后自己在坛上作法。

几天之后，果然刮起了东南风。周瑜更觉得诸葛亮不可留，便派人赶到七星坛去杀诸葛亮。然而诸葛亮早就料到周瑜会有这一手，事先离开了七星坛，回自己的根据地夏口去了。临走还给周瑜留下这样的话："望周都督好好利用此风大破曹兵，诸葛亮暂回夏口，异日再容相见。"周瑜只得作罢。

小风铃探究

诸葛亮料事如神，能呼风唤雨，真乃神人也！其实风并不是他借来的，而是他夜观天象算出来的。那他是怎么算出来的呢？

眼镜爷爷来揭秘

由于赤壁处于长江中游地区，也就是说，冬季的话，当冷空气开始移到海上，形成冷高压，高气压后部盛行的东南风就会暂时控制长江中下游地区。由于冬季冷高压南下过程中移动迅速，尾随南侵的后一股冷空气很快又到，所以，东南风持续的时间很短，人们往往忽略。而通晓天文地理的诸葛亮，他的家就住在离赤壁不远的南阳，掌握了这次东南风出现前的征兆，所以他准确地作出了中期天气预报。

风

　　风，对于我们并不陌生。它无时无刻不在我们的身边走动。风像一位神奇的隐士，看不见也摸不着。一会儿，它像个乖觉的孩子；一会儿，又像个调皮的顽童；一会儿，像个慈祥的母亲，轻拂着你的脸庞；一会儿，又像凶神恶煞，疯狂地抽打着你的身躯。总之，它是变化无常的。

三级叶动红旗展　四级枝摇飞纸片　五级带叶小树摇

六级举伞步行艰　七级迎风走不便　八级风吹树枝断

九级屋顶飞瓦片　十级拔树又倒屋　十一二级陆上很少见

风的级别

风对我们人类作出了巨大的贡献

　　古代，劳动人民利用风的原理，给船加上风帆。于是，帆船就成了沟通各大洋之间的主要交通工具。明代，郑和七次下西洋使用的帆船就有2000多吨重，足以显示当时造船业的高度发达及风的巨大作用。近代，由于蒸汽机的发明，帆船的地位逐渐下降，但是，又由于现代的"经济危机"和"能源危机"的反复冲击,帆船的地位又逐渐回升了。日本曾提出造50000吨的风帆货轮的方案,荷兰也设想建设更大吨位的集装箱船。将来,新型的帆船会乘风破浪地出现在辽阔的海洋上。

我国人民很早就利用风车磨面。现代,美国的一个研究机构做了一个大风车用来发电,其发电量足够一个1500户人家的村镇使用。美国还想造功率更大的风力发电机,来解决当前的"能源危机"。

随着科学的发展,人类利用风的原理,制造风洞,研究气流,一定会有新的进展。

二、成云致雨

龙王是中国古代社会以及道教非常重要的神之一,不仅因为中国人自称是龙的传人,而且因为中国是一个

龙王下雨

以农耕为主的国家,农民就怕土地干旱,而据说龙有造雨的本领,所以在中国人的生活中,求雨和对龙的崇拜就有很重要的意义。

在民间，龙王有很高的地位，人们经常为了求雨而为它举行盛大的祭祀仪式。每逢风雨失调，久旱不雨，或久雨不止时，民众到龙王庙烧香祈愿，以求龙王治水，风调雨顺。

龙王庙

小风铃探究

龙王下雨只是个传说，实际的情况是怎么样的呢？让我们一起寻找答案吧！

眼镜爷爷来揭秘

在温暖潮湿的日子，如果我们从冰箱中取出一瓶饮料，可能留意到瓶子表面会有水。这是由于冷空气所能容纳的水汽比暖空气少。在这种情况下，空气中肉眼看不见的水汽被瓶子表面冷却，凝结成可见的水滴。大气中雨滴的形成与这有异曲同工之妙。

成云致雨

　　在自然界中，海洋或地球表面的水被蒸发到大气中变成水汽，它在大气中上升变得较凉。水汽在凝结核如灰、尘和盐的表面上凝结成水，水滴在天空中聚合一起便成云。有些云看来轻而松软，有些则黑且厚实。因对流或上升的空气，水滴悬浮于空中成为云滴。

快乐的小雨滴

使云滴增长的因素是凝结过程和碰撞并和过程，在只有凝结作用的情况下，云滴的大小是均匀的，但由于水汽的补充，使某些云滴有所增长，再加上并和作用的结果，就使较大的云滴继续增长变大成为雨滴。雨滴受地心引力的作用而下降，当有上升气流时，就会有一个向上的力加在雨滴上，使其下降的速度变慢，并且一些小雨滴还可能被带上去。只有当雨滴增大到一定的程度时，才能下降到地面，形成降雨。

下雨的征兆

燕子低飞伴雨来　　　　　蚂蚁"搬家"避雨

我们除了从一些动物的异常活动中可以获取下雨的征兆外，还可以通过云来识别天气。千百年来，我国劳动人民在生产实践中根据云的形状、来向、移速、厚薄、颜色等变化，总结了丰富的"看云识天气"的经验，并编成谚语。

"天上钩钩云，地下雨淋淋"：钩钩云在气象上叫做

钩卷云

钩卷云，它一般出现在暖锋面和低压的前面。钩卷云出现，说明锋面或低压即将到来，是"雨淋淋"的先兆。但是，雨后或冬季出现的钩卷云，则会连续出现晴天或霜冻，所以又有"钩钩云消散，晴天多干旱"、"冬钩云，晒起尘"的谚语。

朝霞

"早霞不出门，晚霞行千里"：早晨东方无云，西方有云，阳光照到云上散

晚霞

射出彩霞，表明空中水汽充沛或有阴雨系统移来，加上白天空气一般不大稳定，天气将会转阴雨；傍晚如出晚霞，表明西边天空已放晴。

"江猪过河，大雨滂沱"：江猪指雨层云下的碎雨云，出现这种云，表明雨层云中水汽很充足，大雨即将来临。有时碎雨云被大风吹到晴天无云的地方，夜间便看到有像江猪的云飘过"银河"，也是有雨的先兆。

碎雨云

高积云

"天上鲤鱼斑，明天晒谷不用翻（瓦块云，晒煞人）"：鲤鱼斑是指透光高积云，产生这种云的气团性质稳定，到了晚上，一遇到下沉气流，云体便迅速消散，次日将是晴好天气。但是，如果云体好像细小的鱼鳞，则是卷积云，这种云多发生在低压槽前或台风外围，近期会刮风或下雨，所以又有"鱼鳞天，不雨也风颠"的谚语。

考考你

下雨前出现的征兆，除了上面提到的，还有哪些呢？

三、雪

雪

雪

高山白雪梅花开

雪似鸭绒满屋盖

一样望去天地白

春风又吹雪即融

小风铃探究

在天空中运动的水汽怎样才能形成降雪呢？

眼镜爷爷来揭秘

在云中有许多小水滴和小冰晶，这些小冰晶和过冷却水滴共同组成了混合云。过冷却水是很不稳定的，一碰它，它就要冻结起来。所以，在混合云里，当过冷却水滴和冰晶相碰撞的时候，就会冻结黏附在冰晶表面上，使它迅速增大。当小冰晶增大到能够克服空气的阻力和浮力时，便落到地面，这就是雪花。

冬天，雪花像个主人似的，洒下厚厚的热情，诚邀我们去踏雪赏冬观景。田野上已是银白一片，厚厚的白雪犹如硕大的白色暖被，把山川、平原覆盖得严严实实，留下一个纯洁、美丽的银色世界。一望无际、银白茫茫的雪原，玉树琼枝的森林，晶莹剔透银光闪闪的山峰，像是把我们带进一个神秘的童话世界。忘却了寒冷的人们，童心

欣赏雪景

大发，如孩童般尽情嬉戏在雪野里，让白雪带来的喜悦，酣畅淋漓地在这冬景里与雪花一起飞扬。

人们沉浸在下雪时的美不胜收景致，但科学家和工艺美术师赞叹的还是小巧玲珑的雪花图案。远在100多年前，冰川学家们已经开始详细描述雪花的形态了。

西方冰川学的鼻祖丁铎耳在他的古典冰川学著作里，这样描述他在罗扎峰上看到的雪花："这些雪花……全是由小冰花组成的，每一朵小冰花都有6片花瓣，有些是圆形的，有些又是箭形的，或是锯齿形的，有些是完整的，有些又呈格状，但都没有超出六瓣型的范围。"

六瓣型雪花

指点迷津

在我国，早在公元前100多年的西汉文帝时代，有位名叫韩婴的诗人，写了一本《韩诗外传》，在书中明确指出，"凡草木花多五出，雪花独六出。"

雪花的基本形状是六角形，但是大自然中却几乎找不出两朵完全相同的雪花，就像地球上找不出两个完全相同的人一样。许多学者用显微镜观测过成千上万朵雪花，这些研究最后表明，形状、大小完全一样和各部分完全对称的雪花，在自然界中是无法形成的。

世界上有不少雪花图案搜集者，他们像集邮爱好者一样，收集了各种各样的雪花照片。有个名叫宾特莱的美国人，花了毕生精力拍摄了近6000张照片。前苏联的摄影爱好者西格尚，也是一位雪花照片的摄影家，他令人惊叹的作品经常被工艺美术师用来作为结构图案的模型。日本人中谷宇吉郎和他的同事们，在日本北海道大学实验室的冷房间里，在日本北方雪原上的帐篷里，含辛茹苦20年，拍摄和研究了成千上万朵的雪花。

但是，尽管雪花的形状千姿百态，却万变不离其宗，所以科学家们才有可能把它们归纳为前面讲过的七种形状。在这七种形状中，六角形雪片和六棱柱状雪晶是雪花的最基本形态，其他五种不过是这两种基本形态的发展、变形或组合。

雪花图案

　　我们感叹大自然的鬼斧神工，给我们呈现这么惊奇的雪花图案，让我们大饱眼福，同时也感谢雪给我们带来的福音。"瑞雪兆丰年"是中国广为流传的农谚。在中国的北方，一层厚厚而疏松的积雪，像给小麦盖了一床御寒的棉被。雪中所含有的氮素，易被农作物吸收利用。雪水温度低，能冻死地表层越冬的害虫，也给农业生产带来好处。所以又有一句农谚——"冬天麦盖三层被，来年枕着馒头睡"。

瑞雪兆丰年

雪的作用很广，对人类有很大的好处。首先是有利于农作物的生长发育。因雪的导热性很差，土壤表面盖上一层雪被，可以减少土壤热量的外传，阻挡雪面上寒气的侵入，所以，受雪保护的庄稼可安全过冬。积雪还能为农作物储蓄水分。此外，雪还能增强土壤肥力。据测定，每1升雪水里，约含氮化物7.5克。雪水渗入土壤，就等于施了一次氮肥。用雪水喂养家畜家禽、灌溉庄稼都可收到明显的效果。

当然，雪对人有利也有害，在三四月份的仲春季节，如突然因寒潮侵袭而下了大雪，就会造成冻寒。所以农谚说："腊雪是宝，春雪不好。"

雪灾

四、雷电

富兰克林

电闪雷鸣使人心惊肉跳，有时还会严重威胁到人们的生命财产安全。古代科学水平低下，人们不理解雷电现象，十分敬畏它，我国很多人认为是"雷公电母"在发威，西方国家的多数人则认为闪电是"上帝之火"，还有少数人认为是"毒气爆炸"。直到1752年6月的一个雷雨天，美国科学家富兰克林做了一个实验，才揭开了雷电之谜。他在用绸子做的大风筝上安装了一根尖细的铁丝，将牵引风筝的麻绳与这根铁丝连接起来，麻绳的末端拴了一把铜钥匙，钥匙塞在莱顿瓶中。他将风筝放上天空，一阵雷电，麻绳上松散的毛毛向四周竖立起来，靠近钥匙的手和钥匙之间产生了火花。这说明雷雨云中的电荷顺着被打湿的麻绳传导下来，被收集在莱顿瓶中。他用莱顿瓶中收集的电火花使酒精燃烧，并用来进行别的有关电的实验，而这些实验平常是靠摩擦小球或小管进行的。这样就完全证明这种电和天空中的闪电是一样的。富兰克林冒着生命危险，揭开了雷电的千古之谜。原来雷雨云中所带的电与摩擦所起的电是一样的，闪电就是雷雨云的放电现象。

小风铃探究

雷公电母的故事你听说过没有？为什么打雷的时候，是先看到闪电，后听到雷声？

眼镜爷爷来揭秘

传说天上的雷公受命于玉帝，负责惩罚凡间的坏人。有一次，雷公错手把一名善良的妇人轰死，后来玉帝查明真相，将她起死回生，并封为电母。玉帝便下令雷公以后打雷之前，要先让电母发出闪电，照明是非善恶，以免冤情再生。

以上当然只是传说而已，在自然界的雷暴中，闪电和打雷几乎同一时间发生。一个在地上的人先看到闪电后听到雷声，是因为光以大约每秒三亿米的速度前行，远快于声音每秒340米的传播速度。一个距离雷暴1000米的人，在闪电发生后几乎实时（数微秒而已）便看到闪光，但大约3秒后才听到雷声（1000米除以每秒340米）。所以在打雷的时候，我们总是先看到闪电，后才听到雷声。

雷电是一种常见的大气放电现象，非常壮观，也具有极大破坏力。当地面的热空气携带大量的水汽不断地上升到高空，形成大范围的积雨云，积雨云的不同部位聚集着大量的正电荷或负电荷，形成雷雨云，而地面因受到近地面雷雨云的电荷感应，也会带上与云底相反符号的电荷。当云层里的电荷越积越多，达到一定强度时，就会把空气击穿，打开一条狭窄的通道强行放电。当云层放电时，由于云中的电流很强，通道上的空气瞬间被烧得灼热，温度高达6000~20000℃，所以发出耀眼的强光，这就是闪电。而通道上的高温会使空气急剧膨胀，同时也会使水滴汽化膨胀，从而产生冲击波，这种强烈的冲击波活动形成了雷声。

作为最壮观的自然现象之一，闪电总能给人带来一种惊心动魄的震撼之美。以下的闪电图片是近年来发生于全球各地雷暴天气的部分摄影成果，向人们充分展现了大自然的震撼之美和迷人的魅力。

闪电照亮北京最高建筑

看左图，在一场雷暴天气中，巨大的闪电照亮了北京最高建筑国贸三期大楼。

看下图，一道明亮的闪电将中国广东佛山的一栋高楼与天空相连在一起。

闪电击向广东佛山一栋高楼

看下图，这张迷人的闪电照片拍摄于美国科罗拉多州丹佛市罗杰·希尔的家中，图中的一道道闪电形成了一张罕见

美国科罗拉多州闪电网

的闪电网。罗杰·希尔和他的妻子卡琳·希尔都是"闪电追逐者"，热衷于沿着龙卷风的路线追踪并拍摄闪电。

雅典闪电森林

这张照片拍摄于希腊雅典一场罕见的暴风雨中。在这场雷暴天气中，宙斯似乎用光了所有的闪电。在短短半个小时内，多达42道交叉闪电密集地闪耀在希腊上空，照亮了整个雅典。摄影师克里斯·科特西奥普罗斯冒着生命危险从家里跑到雅典奥林匹克体育场附近，只为捕捉这些壮观夺目的闪电。克里斯的辛苦没有白费，他利用所拍摄的大量独立闪电照片，合成了一张极具震撼的"闪电森林"图片。在这张难以置信的合成图中，条条闪电似乎形成了一片茂密的"闪电森林"。

闪电照亮瑞士上空

一场暴风雨袭击了瑞士，一道道闪电照亮了瑞士首都伯尔尼的上空。本图所示的是瑞士联邦宫殿遭遇闪电的瞬间。

美国罗森布拉特体育馆上空的闪电

在美国内布拉斯加州奥玛哈市罗森布拉特体育馆上空，出现了一道道巨大的闪电。当时，体育馆内正举行一场棒球比赛。

在下面这张由毛虹拍摄的照片中，一道闪电照亮了云南罗平县上空。

云南罗平上空的闪电

五、雾·露·霜

小风铃探究

雾、露、霜都是由液态水演变而来，它们各是什么形态？

眼镜爷爷来揭秘

雾是液态的，它是在夜间或黎明等较冷时段，空气中的水蒸气遇冷液化而形成的小水珠。露也是液态的,它是空气中水汽凝结在地面物体上的液态水。而霜是固态的,它是在秋冬较冷时刻,空气中的水蒸气遇冷凝华而形成的小冰晶。

雾、露、霜虽然都是由水转变而来,可它们状态结果却不一样。那它们具体是怎么形成的呢?

雾

雾和云都是由于温度下降而造成的。地面上的水蒸发后飞散到空中,经过冷凝积聚而变成云。如果水蒸气在近地面的低空受了冷,凝结成小水滴,积聚在一起阻碍了人们视线时,就成了雾。因此,雾实际上也可以说是靠近地面的云。

人们常见的雾有辐射雾和蒸汽雾两种。

夜晚山坡上的冷风加剧了山谷的空气冷却

夜晚地面辐射冷却,使贴地面的空气变冷而成雾。

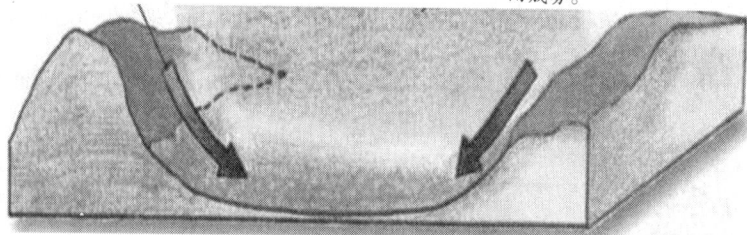

辐射雾

辐射雾大都发生在冬天晴朗的早晨,由于白天温度一般比较高,到了夜间,温度下降了,空气中能容纳的水汽就减少了,如果那时空气中的水汽较多,就会使一部分水汽凝结成为雾。特别在冬天，由于夜长，而且出现晴天风小的机会较多，地面散热比夏天更迅速，接近地面的温度急剧下降，这样就使得近地面空气层中的水汽，容易在后半夜到早晨达到饱和而凝结成小水滴，并且浮在近地层的空气中，从而形成雾。所以，冬天的早晨常常有雾。这种雾称为"辐射雾"。

如果水面是暖的，而空气是冷的，当它们温差较大的时候，水汽便源源不断地从水面蒸发出来，闯进冷空气，然后又从冷空气里凝结出来成为蒸汽雾。

蒸汽雾

一般在南方的暖洋流进入到极地区域时，极地的冷空气覆盖在暖水面上而形成蒸汽雾。例如北大西洋上就有一股强大的墨西哥湾流的暖洋流，经常突入北极的海洋上，造成北极洋面上大规模的蒸汽雾。有时候，北极的冷空气停留在冰面上，在冰面裂开的地方，冰下较暖的水就露出来，形成局部的蒸汽雾，蒸汽雾大都出现在高纬度的北极地区，所以人们常称它为"北极烟雾"。

除了极地区域外，冷空气覆盖暖水面的情形还常出现在内陆湖滨地区。夜间湖水面比陆面暖，当夜间陆风吹到暖的湖面上时，在湖面上就会形成一层比较浅薄的蒸汽雾。秋、冬季节，每当冷空气南下以后，在天晴风小的早晨，暖水面还来不及冷却时，就弥漫着这种蒸汽雾。

指点迷津

雾凇

雾凇俗称"树挂"，在我国北方很常见，是北方冬季可以见到的一种类似霜降的自然现象，是一种冰雪美景。雾凇是雾中无数0℃以下而尚未结冰的雾滴随风在树枝等物体上不断积聚冻黏的结果，表现为白色不透明的粒状结构沉积物。因此雾凇现象在我国北方是很普遍的，在南方高山地区也很常见，只要雾中有过冷却水滴就可形成。

我国吉林省吉林市的雾凇仪态万方、独具风韵的奇观，让络绎不绝的中外游客赞不绝口。然而很少有人知道雾凇对自然环境、人类健康所作的贡献。

每当雾凇来临，吉林市松花江岸十里长堤"忽如一夜春风来，千树万树梨花开"，柳树结银花，松树绽银菊，把人们带进如诗如画的仙境。

黑龙江雪乡国家森林公园雾凇

露水

清晨，在田里的庄稼、路边的杂草上，全是湿漉漉的露水。露水是怎样形成的呢？

在日常生活中，我们常遇到这种现象：冬天当你向窗子玻璃上呵口气时，就会发现玻璃上有一层小水珠，这就是因为水汽遇到较冷的物体表面而产生凝结。田野里的露水也是空气中的水汽碰到较冷的地面或近地面的物体而凝结的小水珠。

　　为什么有露水时，一般是晴好天呢？因为露水的形成有一定的天气条件，那就是大气比较稳定、风小、天空晴朗少云，地面上的热量能很快散失，温度下降，这样当水汽遇到较冷的地面或物体时就会形成露水。

　　在天空有云的夜里，地面上好像盖了一条大棉被，热量要跑出这个空间，难以通过这个大关口，碰到云层后，一部分折回大地，另一部分被云层所吸收，而被云层吸收的这部分热量，以后又会慢慢地放射到地面。所以，云层好像是暖房的顶盖，具有保温的功效。因此，夜间满天是云，近地面的气温不容易下降，露水就很难出现。

　　夜间如有风的吹动，上下空气会交流，增加近地面空气的温度，又能使水汽扩散，于是露就很难形成了。由此可见，有露水时，一般是晴好天。

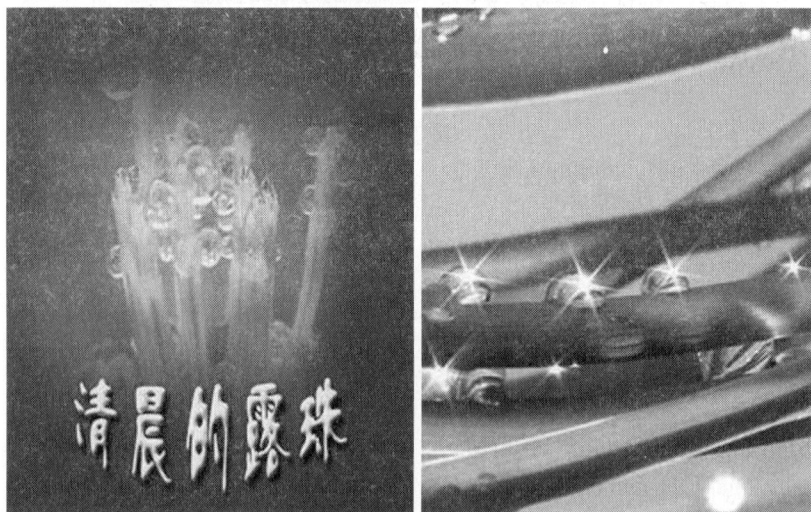

露珠

霜的形成和消失

在寒冷季节的清晨，草叶上、土块上常常会覆盖着一层霜的结晶。它们在初升起的阳光照耀下闪闪发光，待太阳升高后就融化了。人们常常把这种现象叫"下霜"。翻翻日历，每年10月下旬，总有"霜降"这个节气。我们看到过降雪，也看到过降雨，可是谁也没有看到过降霜。其实，霜不是从天空降下来的，而是在近地面层的空气里形成的。

每年10月23日或24日是霜降，此时太阳到达黄经二百一十度。霜降是秋季的最后一个节气，霜降意味着天气逐渐变冷，露水凝结成霜。

霜降

霜是一种白色的冰晶，多形成于夜间。少数情况下，在日落以前太阳斜照的时候也能开始形成。通常，日出后不久霜就融化了。但是在天气严寒的时候或者在背阳的地方，霜也能终日不消融。

霜本身对植物既没有害处，也没有益处。通常人们所说的"霜害"，实际上是在形成霜的同时产生的"冻害"。

霜的形成不仅和当时的天气条件有关，而且与所附着的物体的属性也有关。当物体表面的温度很低，而物体表面附近的空气温度却比较高时，在空气和物体表面之间有一个温度差，在较暖的空气和较冷的物体表面相接触时空气就会冷却，达到水汽过饱和的时候多余的水汽就会析出。如果温度在0℃以下，则多为冰晶，这就是霜。霜大都出现在晴朗的夜晚，也就是地面冷却强烈的时候。

霜

霜的形成，不仅和上述天气条件有关，而且和地面物体的属性有关，所以物体表面越容易辐射散热并迅速冷却，在它上面就越容易形成霜。同类物体，在同样条件下，假如质量相同，其内部含有的热量也就相同。如果夜间它们同时辐射散热，那么，在同一时间内表面积较大的物体散热较多，冷却得较快，在它上面就更容易有霜形成。这就是说，一种物体，如果与其质量相比，表面积相对大的，那么在它上面就容易形成霜。草叶很轻，表面积却较大，所以草叶上就容易形成霜。另外，物体表面粗糙的，要比表面光滑的更有利于辐射散热，所以在表面粗糙的物体上更容易形成霜，如土块。

霜的消失有两种方式：一是升华为水汽，一是融化成水。最常见的是日出以后因温度升高而融化消失。霜所融化的水，对农作物有一定好处。

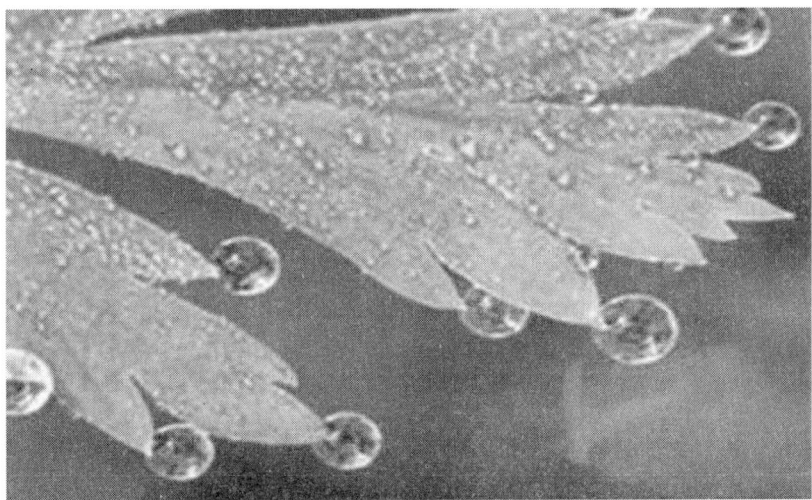

霜融化成水

第四章　老天爷发脾气

智慧导航

雨雪不止，冰冻齐袭，道路封闭，机场关闭……近年来接二连三的极端气象灾害，使人们对新生活多了一份焦虑。

于是乎，一连串的问题被人们热议：老天爷是不是真的发疯了？"2012"真的要到来？我们一起去寻找答案吧！

一、温室效应

曾经睡得好香

如今"地毯"都没有了怎么睡啊？

小风铃探究

北极熊竟然遭遇没"地毯"的尴尬境地。要知道北极熊与生俱来就与冰雪打交道，现如今连北极熊都难以看到冰雪，让我们情何以堪？事出何因呢？

眼镜爷爷来揭秘

曾经，北极熊可以无忧无虑地生活，它们在冰雪的世界里尽情地驰骋。现如今它们却要为"生计"发愁，冰雪逐渐地消融，让地表裸露出来。没有了冰雪，北极熊面临着生存危机。这都是由于人类大量燃烧煤、油、天然气和滥砍树木，产生大量二氧化碳和甲烷，这两种气体进入大气层后使地球升温，碳循环失衡，改变了地球生物圈的能量转换形式。自工业革命以来，大气中二氧化碳含量增加了25%，远远超过科学家可能勘测出来的过去16万年的全部历史纪录，而且目前尚无减缓的迹象。随着全球气温的升高导致"温室效应"，北极的冰雪逐渐融化，所以会看到北极熊没"地毯"的尴尬境地。

2012年1月5日，据世界气象组织宣布，刚刚过去的十年是有记载以来最暖和的十年。没有人知道气候变化的影响在多大程度上才能算是"安全"，但我们却清楚地知道全球气候变化给人类及生态系统带来的灾难：冰川消融、永久冻土层融化、海平面上升、致命热浪，等等。现在，不再是科学家在预言着这些改变，从北极到赤道，人类已开始在全球气候变化的影响下挣扎着求生存。

正在融化的冰川

在过去100年里，地球平均气温升高0.6℃。大气中二氧化碳不断增加，二氧化碳排放量预计2012年底将达320亿吨，是1860年工业革命开始时的50多倍。

自1988年以来，随气温的升高，北极的冰川融化速度加快，已提高了两倍。

随着气候的变暖，海平面将呈现上升趋势，会对世界沿海地带造成严重影响。由于世界各地海岸带地面升降的情况各不相同，所以在全球平均海平面上升的背景下，未来区域性的海平面变化趋势会有很大差异。

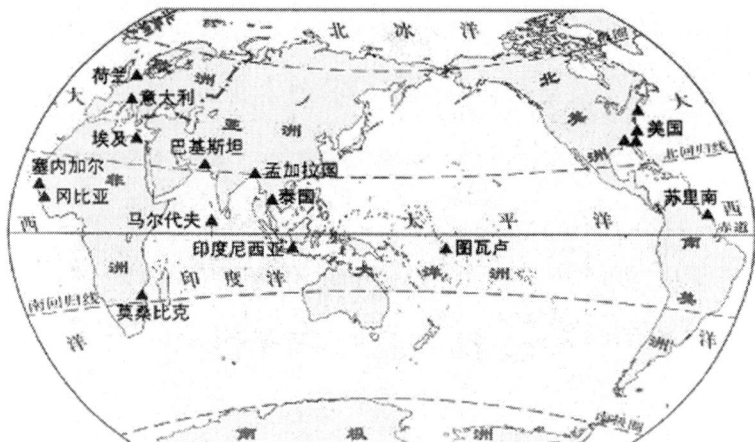

因全球变暖可能淹没的地区

设在华盛顿的地球政策研究所曾公布，由于温室效应造成海平面上升，大洋洲岛国图瓦卢的居民从2050年起将被迫举国搬迁。

这个环保机构的所长布朗在一项声明中指出："图瓦卢的领导人承认由于抵挡不了日渐上升的海水，他们将迫不得已舍弃家园。"

原来欢乐平静的图瓦卢

现在岛国居民家园一片汪洋

气候变暖影响人们的健康，甚至威胁人类生命。疟疾、登革热等通过昆虫传播的疾病将可能殃及世界人口的40％至50％，另外病虫害和细菌繁殖速度也会增加。

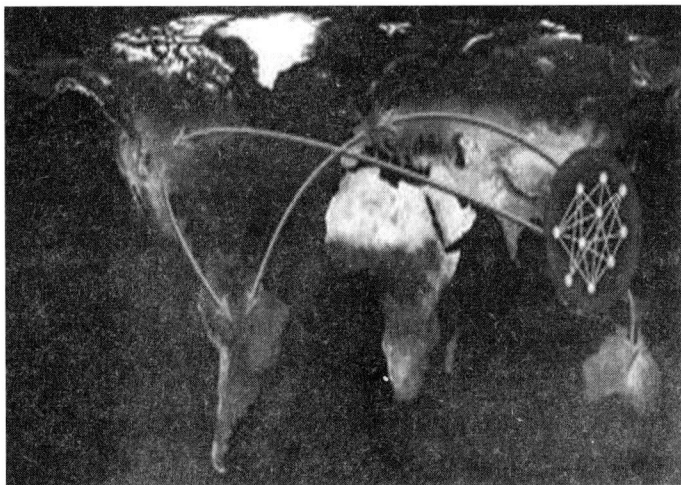

疾病肆虐全球

楼兰立国700多年，最昌盛时期有14000多人。然而在唐朝以前突然在历史上消失了，从此再也没有发现关于楼兰的任何文书记载。

楼兰城民居遗址

关于楼兰国的神秘失踪，近代学者多年争论不休，比较著名的论述有：

一、战争论。认为楼兰是为仟零所灭，或者是北方的匈奴游牧民族所灭，但疑点是战争只能毁灭一城一池，不太可能灭亡整个国家。

二、瘟疫论。认为当时曾在国家里发生一场大瘟疫。附近曾发现过一些群葬坑，里面男女老少尸体像垒砖那样层层叠叠。

三、气候变暖论。这是目前较占上风的论点，认为是因为植被的滥砍导致自然变暖，造成风沙和疾病盛行，国家被迫大迁移。那具著名的楼兰美女（3800年历史）在解剖的时候就已经发现肺部沉积有大量沙土。说明当时气候已经开始恶化。

指点迷津

给地球降温

科学家们在理论上推知：通过遮蔽照射到地球上的太阳光，可为地球"降温"。科学家们算了一笔账：按目前的趋势，大气层中的二氧化碳含量在50年后将达到工业革命前的两倍，这将导致地球气温上升2.5℃。如果将射到地球的太阳光遮蔽掉1.8%，那么就可以抵消这一上升幅度。在此理论基础上，科学家们提出了多种奇思妙想，其中最为大胆的，当属美国劳伦斯利弗莫尔国家实验室构想的"太阳盾"。

太阳盾

所谓"太阳盾"，实际上是一个直径达2000公里的巨型反射镜。按照设想，"太阳盾"被发射进入太空后，可以安放在"拉格朗日点"上，面朝太阳，拒太阳光于数百万公里之外。在这一位置上太阳和地球的引力相互抵消，因而可以灵活地调整"太阳盾"的角度，使其发挥地球"空调"的功能。面对全球气温不断升高导致的气候反常，美国科学家打算采用前所未有的做法使地球降温，就是把地球"推往"较凉爽的地方 —— 离太

撬动地球

阳远一点，借此化解温室效应，以及太阳变热而对地球造成的危害。

这个狂想是由美国太空总署一班科学家提出。当中的劳克林博士说："这是通过高度准确计算，做到借力打力，四两拨千斤。"

二、旱涝交加

下图是2010年3月28日下午，四川泸州市叙永县水潦彝族乡岔河村的女孩在悬崖绝壁上的一条引水渠中汲取生活用水。

而在同一天，杭州却在下暴雨，全城多处交通要道积水严重，交通几近瘫痪，城市几乎变成一个"水城"，人

们出行方式只能用船代替。

杭州城变"水城"

小风铃探究

几名彝族女孩在悬崖绝壁的水渠取水的情景，让人触目惊心。"人间天堂"的杭州难道要成为"东方的威尼斯"？这些难道是老天爷的恩赐？

眼镜爷爷来揭秘

这些当然不是老天爷的恩赐。一方面由于我国幅员辽阔，气象万千，气象灾害会时常"光顾"我们；另一方面是由于我们人类的狂妄自大，对大自然肆意地破坏，导致气候反常，旱涝灾害频繁，这些是老天爷对我们的惩罚。

蝗虫"成群结队"

池塘干涸

农作物歉收

濒临饿死的非洲小女孩

那什么是旱灾呢？它会给我们带来什么影响？旱灾指因气候严酷或不正常的干旱而形成的气象灾害。干旱是危害农牧业生产的第一灾害。土壤水分不足会形成干旱，农作物水分平衡遭到破坏而减产或歉收，从而带来粮食问题，甚至引发饥荒。同时，旱灾亦可令人类及动物因缺乏足够的饮用水而死亡。此外，旱灾后容易发生蝗灾，进而引发更严重的饥荒，导致社会动荡。

　2010年3月份下旬，在中国西南五省市云南、贵州、广西、四川及重庆发生了百年一遇的特大旱灾。旱灾给五省市居民和牲畜带来很大的饮水困难，农作物受灾面积广，给当地人民带来重大的经济损失。

四川旱区长长的挑水队伍

　缺水严重的攀枝花和凉山共有38万余人，53万余头牲畜出现饮水困难。很多当地居民，不得不到离家较远的地方去挑水。

　云南全省有780万人、486万头牲畜饮水困难；秋冬播种农作物受灾面积3000多万亩，占

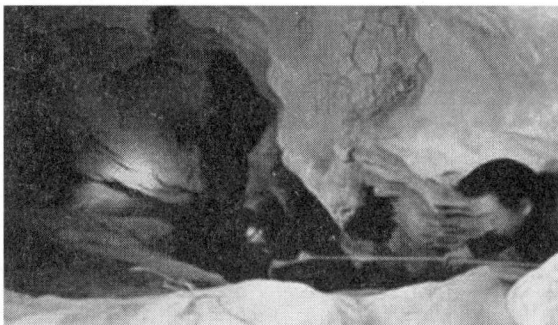

云南特大干旱，百年一遇。

已播种面积的87%。

广西12个市出现旱情，197.97万人、87万多头大牲畜饮水困难，其中需送水才能解决喝水问题的人口达到18万人。农作物受灾面积1041.98亩。

面对突如其来的干旱，我们可以做些什么应急措施，让灾害给我们带来的损失降到最低？

广西严重干旱

干旱来临的应急措施

1.启动远距离调水等应急供水方案，采取提外水、打深井、车载送水等多种手段，确保城乡居民生活和牲

畜饮水。

2.限时或者限量供应城镇居民生活用水，缩小或者阶段性停止农业灌溉供水。

3.严禁非生产高耗水及服务业用水，暂停排放工业污水。

4.气象部门适时加大人工增雨的作业力度。

"地球上最后一滴水，将是人类的眼泪！"这并不是危言耸听。西南干旱，用类似于公益广告的场景，为全民普及了一场水危机教育。面对重大

人工降雨

节约用水，从小做起

的自然灾害，"改天换地"只是人们的梦想，能够改变的只有人们的思想和行为。只注重经济发展，无休止地向大自然索取，现代化与经济社会发展都将难以为继。节水之战已经打响了！

进入夏季以来，"暴雨"一词在我国天气预报中经常听到。洪水一般出现在多雨季节。雨水降落到地面后，有的渗透到地底下去了，有的蒸发到空中去了，还有一部分顺着地面流，经过小沟、小溪，进入江河。

如果在短时间内有大量的水流入江河，水量超过了江河的最大输送能力，就会发生洪水，造成水灾，导致村庄、房屋、船只、桥梁、游乐设施等受淹，甚至被冲毁，造成生命财产损失。也可能造成水利工程失事，容易引发山体滑坡、泥石流等地质灾害，造成人员伤亡。

洪水来势凶猛，破坏性极大

淹没房屋，威胁生命安全

毁坏作物，粮食减产

排水不畅，阻塞交通

洪水来临时的自救

首先，应该迅速登上牢固的高层建筑避险，而后要与救援部门取得联系。同时，注意收集各种漂浮物，木盆、木桶都不失为逃离险境的好工具。洪水中人员失踪的原因，一方面是洪水流量大，猝不及防；另一方面是因为有的人不了解水情而涉险。所以，洪水中必须注意的是，不了解水情一定要在安全地带等待救援。

1.避难所一般应选择在距家最近、地势较高、交通较为方便及卫生条件较好的地方。城市中选择高层建筑的平坦楼顶，地势较高或有牢固楼房的学校、医院等。

2.洪水到来前，应将衣被等御寒物放至高处保存；将不便携带的贵重物品做防水捆扎后埋入地下或置放高处，票款、首饰等物品可缝在衣物中。

3.扎制木排，并搜集木盆、木块等漂浮材料加工为救生设备以备急需；洪水到来时难以找到适合的饮用水，所以在洪水到来之前可用木盆、水桶等盛水工具贮备干净的饮用水。

4.准备好医药、取火等物品；保存好各种尚能使用的通讯设备，可与外界保持良好的通讯联系。

抵御洪水

三、寒潮来袭

2012年1月2日下午六点，中央气象台发布寒潮警报：昨天提到的强冷空气的前锋，今天正午已经移到我国内蒙古到西北地区东部一带，并将继续向东南方向移动，影响我国大部地区。

预计，明天到后天，我国东部地区将出现大范围雨雪天气，江南和华南的部分地区有雷雨大风。西北地区东部、华北、东北地区大部、黄淮、江淮、江南等地区将先后出现5到7级东北风，其中黄淮地区东部及江河湖面有6到7级大风。明天晚上到后天，渤海、黄海将有7到9级东北风，东海、台湾海峡将先后有6到8级大风。冷空气前锋过后，长江以北地区的气温将下降8至15℃，其中华北地区北部和东北地区的气温将下降15至20℃。

这次强冷空气过程造成的降雪、大风、降温天气，将对交通、电讯等产生不利影响，请各有关单位注意防寒防冻。

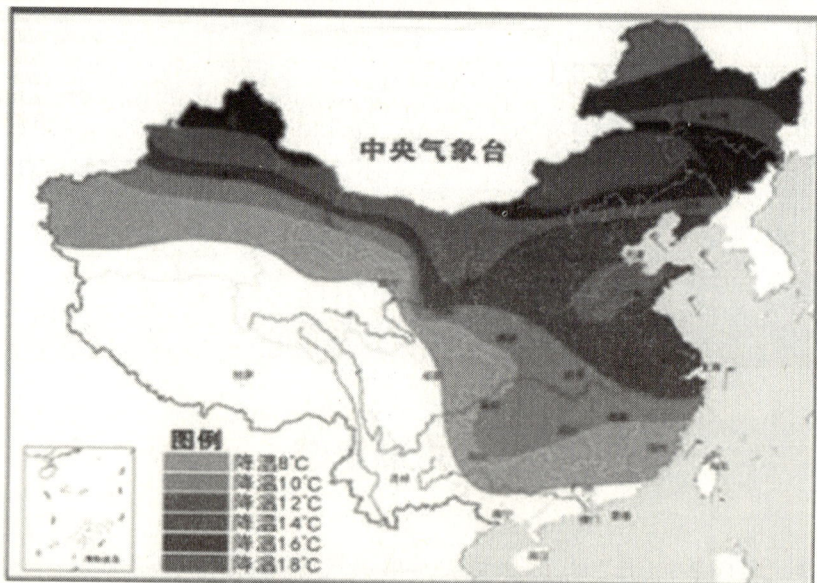

中国大风降温过程预报图

小风铃探究

什么是寒潮？为什么各有关单位都要注意防寒防冻？它的威力有这么大吗？

眼镜爷爷来揭秘

"寒潮"指来自极地或寒带的寒冷空气，像潮水一样大规模地向中、低纬度侵袭的活动。东亚地区寒潮特别强烈。我国中央气象台规定，凡一次冷空气侵入后，该地区24小时降温10℃以上，且最低气温低于5℃就称为"寒潮"。

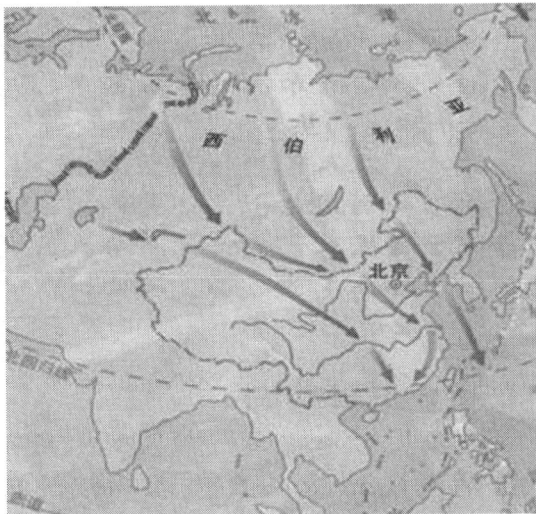

寒潮侵入我国的路径

　　因为寒潮袭击时会造成气温急剧下降，并伴有大风、低温与冰冻，有时还会伴有大雪，所以寒潮对工农业生产和群众生活有较为严重的影响。

　　我国是受寒潮影响较多的国家，每年的秋末或初春寒潮开始入侵我国。入侵我国的寒潮主要有三条路径，西路：从西伯利亚西部进入我国新疆，经河西走廊向东南推进；中路：从西伯利亚中部和蒙古进入我国后，经河套地区和华中南下；东路：从西伯利亚东部或蒙古东部进入我国东北地区，经华北地区南下。

　　寒潮和强冷空气通常带来的大风、降温天气，是我国冬季主要的灾害性天气。寒潮大风对沿海地区威胁很大，如1969年4月21～25日那次的寒潮，强风袭击渤海、黄海

风暴潮

以及河北、山东、河南等省，陆地风力7~8级，海上风力8~10级。此时正值天文大潮，寒潮爆发造成了渤海湾、莱州湾几十年来罕见的风暴潮。在山东北岸一带，海水上涨了3米以上，冲毁海堤50多公里，海水倒灌30~40公里。

寒潮带来的雨雪和冰冻天气对交通运输危害不小。如1987年11月下旬的一次寒潮过程，使哈尔滨、沈阳、北京、乌鲁木齐等铁路局所管辖的不少车站道岔冻结，铁轨被雪埋，通信信号失灵，列车运行受阻。雨雪过后，道路结冰打滑，交通事故发生率明显上升。

积雪阻塞交通

寒潮袭来对人体健康危害很大，大风降温天气容易引发感冒、气管炎、冠心病、肺心病、中风、哮喘、心肌梗塞、心绞痛、偏头痛等疾病，有时还会使患者的病情加重，造成人员伤亡。

感冒咳嗽

截至2月6日
欧洲已有260人死于因寒潮引发的疾病或意外
欧洲部分遭遇大面积极寒国家
乌克兰 131人死于严寒
德国
波黑
法国
意大利
罗马尼亚
原因
世界气象组织发言人纳利斯表示
当前席卷欧洲的严寒天气是西伯利亚高压气团造成的
中国气象科学研究院研究员陆龙骅解释
今年北极"涛动"指数呈现负值，即北极地区比北极以外地区的气压高，北极地区的冷空气因此扩散到北极以外地区，导致欧洲和东亚各地出现严寒天气

中国
大部地区气温总体偏低，黑龙江漠河、内蒙古图里河、根河、海拉尔、牙克石、陈巴尔虎旗等地的最低气温普遍处在-40℃以下

日本 截至2月2日
雪灾已造成至少63人丧生，受寒潮影响有175万人感染了一种新型流感，全国7200所中小学因此停课

韩国
首都出现55年来最低温

新华社记者 卢哲 编制

全球多个地区遭遇极寒天气

热量交换

很少被人提起的是，寒潮也有有益的影响。地理学家的研究分析表明，寒潮有助于地球表面热量交换。随着纬度增高，地球接收太阳辐射能量逐渐减弱，因此地球形成热带、温带和寒带。寒潮携带大量冷空气向热带倾泻，使地面热量进行大规模交换，这非常有助于自然界的生态保持平衡，保持物种的繁盛。

冬季干旱

旱情缓解

气象学家认为，寒潮是风调雨顺的保障。我国受季风影响，冬天气候干旱，为枯水期。但每当寒潮南侵时，常会带来大范围的雨雪天气，缓解了冬天的旱情，使农作物受益。

瑞雪兆丰年

天然的"杀虫剂"

"瑞雪兆丰年"这句农谚为什么能在民间千古流传？这是因为雪水中的氮化物含量高，是普通水的5倍以上，可使土壤中氮素大幅度提高。雪水还能加速土壤有机物质分解，从而增加土中有机肥料。大雪覆盖在越冬农作物上，就像棉被一样起到抗寒保温作用。

有道是"寒冬不寒，来年不丰"，这同样有其科学道理。农作物病虫害防治专家认为，寒潮带来的低温，是目前最有效的天然"杀虫剂"，可大量杀死潜伏在土中过冬的害虫和病菌，或抑制其滋生，减轻来年的病虫害。据各地农技站调查数据显示，凡大雪封冬之年，农药可节省60%以上。

寒潮还可带来风资源。科学家认为，风是一种无污染的宝贵动力资源。

风力发电

举世瞩目的日本宫古岛风能发电站，寒潮期的发电效率是平时的1.5倍。

四、沙暴肆虐

沙暴来袭

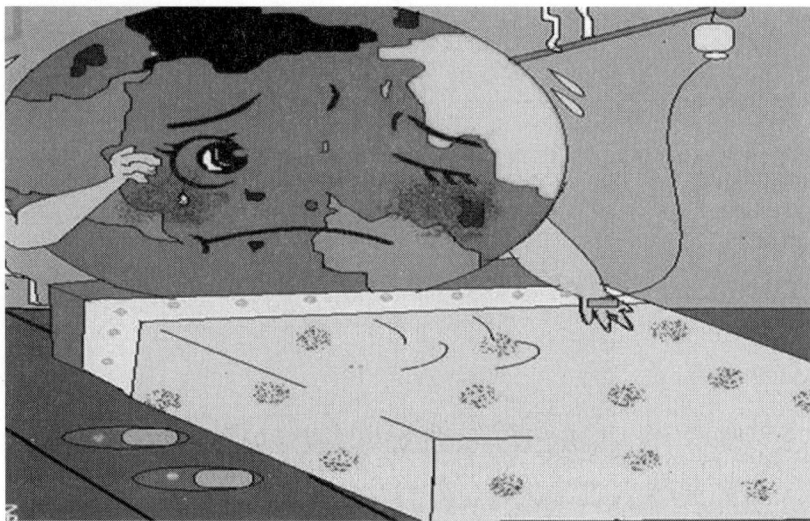

地球得了"沙眼病"

小风铃探究

地球母亲好端端的，怎么也生病了？而且还是得了"沙眼病"？

眼镜爷爷来揭秘

以前地球万物欣欣向荣，让我们感受到世界充满生命力和无穷希望，感受到我们生活的地球是宇宙中最美丽的星球。然而自从沙暴肆虐危害人间以后，一切都乱了，我们地球母亲的视力越来越差，得了"沙眼病"，甚至我们可以听到地球母亲哭泣的声音。

　　曾经可以看到小草翠绿、树影婆娑，听到虫鸣鸟叫，闻到清新空气、百花芳香。世界之所以如此生动和精彩，是因为到处都散发着生命的气息。然而人们不珍惜曾经拥有的，肆意地破坏植被。当沙暴肆虐人间的时候，我们才对自己的行为进行反思。它存在，你察觉不到。它消失了，你才回味才痛惜。随着时间的流逝，它的远去，你才越来越理解它的沉重，它的不可代替，它的珍贵和独特。昔日的美景已不再，剩下只有自然的"眼泪"，甚至是人类的眼泪。

　　森林是大自然赐给人类的宝藏，是人类经济活动的重

谁在哭泣

亲！跟我走吧

要供应者。"乐彼之园，爰有树檀。"早在诗经里，我们的祖先就这样赞美和热爱赐给先民福禄的吉祥树木。

然而随着人口的快速增长带来不合理的农垦，必然导致植被和地表结构的破坏，使草原面积萎缩、土地沙化、生态系统失衡。

"刀耕火种"式的耕作

一份权威的统计资料显示一种可怕的趋势：我国沙漠化的扩展速度正在不断加快。上世纪70年代，沙漠化土地每年推进1560平方公里，1980

年代每年2100平方公里，1990年代扩展速度增加到每年2460平方公里。

由于这种造沙的速度远快于人们治沙的速度，无疑为沙尘暴形成提供了沙源条件。因而，沙尘暴的发生是人口、资源和环境综合作用的结果。

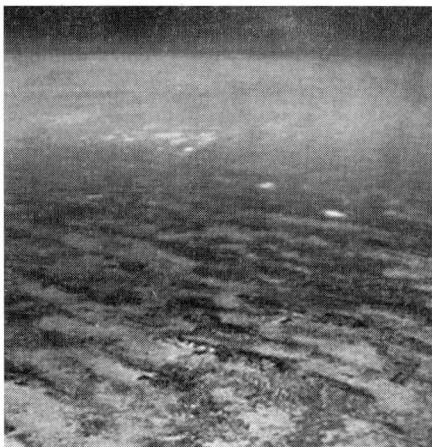

土地沙化

沙尘天气的危害

沙尘暴出现时，黄沙滚滚，天昏地暗、空气呛人、伴着狂风，危害极大。20世纪30年代美国、加拿大发生的"黑风暴"就是一个典型例证。那次"黑风暴"给美国农业造成了毁灭性的打击，给人民生活带来巨大的危害，生态环境也遭到前所未有的

黑风暴

农作物损失殆尽

严重破坏。

然而，沙尘暴也并非一无是处，它所携带的大量沙尘可以起到抑制酸雨的作用。沙尘暴只是风沙活动的一种形式，然而沙尘暴的危害却十分广泛：沙尘暴使空气混浊，能见度大为降低，影响飞机的升降和汽车、火车的正常运行。沙尘飞入眼睛，会影响视力。因此，沙尘是危害环境、影响空气质量的重要因素。

能见度低

加强预防和应对沙尘暴的措施

1.应及时关好门窗，如果在危旧房屋，应该及时撤出。

2.尽量减少外出，尤其是老人、未成年人和体弱者。外出前，应戴好防护镜及口罩或纱巾罩。

3.在室外，要远离高层建筑、工地、广告牌、老树、枯树等。

4.司机在沙尘天气下，应启动雨刷，控制车速，掌握方向，尤其是与风向垂直方向行驶要当心。沙尘天气还可能导致机场关闭或客机延误。

5.农民应加固温室大棚、地膜等基础设施，正在田间劳动的农民，应立即回家或寻找安全的地方躲避。

6.牧区牧民应及时将牛、羊等牲畜赶回圈舍，若牲畜远离居民点，牧民应尽快将牲畜赶到就近背风坡处躲避。

应向背风坡处躲避

防治沙尘暴的措施

1.合理利用草场，严禁过度开垦和放牧。

2.合理利用并节约水资源，严禁过度开采地下水。

3.爱护绿地，积极植树造林。

第五章 气象的巧妙应用

智慧导航

搏击千里长空,观测风云变幻。气象人以"科学测报、服务社会"为使命,大力推进气象现代化,不断发展公共气象服务,为百姓安居乐业、建设发展"把脉"天象。气象服务在经济建设和各项社会事业发展中发挥了重要作用,取得了显著的社会效益和经济效益。

一、气候知识

世界气候分布图

这里的冬天很冷,夏天较热,全年降水较少。

我住的地方全年都很温暖,夏季经常下雨,冬季比较干燥。

到我们这里来必须穿得暖暖的,因为这里全年都很寒冷,积雪不会融化。

我们这里夏天比较凉爽,冬天不冷,全年降水多比较潮湿。

我们这里全年炎热,很少下雨,非常干燥。

我们这里终年高温,由于经常下雨,很潮湿。

世界气候分布图

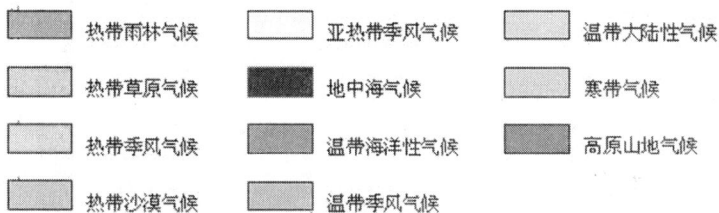

	热带雨林气候		亚热带季风气候		温带大陆性气候
	热带草原气候		地中海气候		寒带气候
	热带季风气候		温带海洋性气候		高原山地气候
	热带沙漠气候		温带季风气候		

小风铃探究

我们生活在同一个地球，为什么有的地方的气候条件很优越，而有的地方的气候条件就很恶劣？

眼镜爷爷来揭秘

由于我们所处的地理位置存在差异，以及太阳照射的入射角不同，使得地球不同地点得到热量不尽相同，同时热量的多少会影响空气的对流状况，从而形成气温和降水由赤道向南北两侧递减的现象趋势；海洋和陆地的交错分布，让靠近海洋的地方得到的水汽就较多，而离海洋远的地方得到的水汽相对较少；海洋冷暖性质会影响气温的变化；高低起伏的地形，随海拔高度的升高，气温会降低，水汽相对会增加。水热组合较好的地方，气候条件就优越，而组合较差的地方，气候条件就比较恶劣了。

撒哈拉沙漠

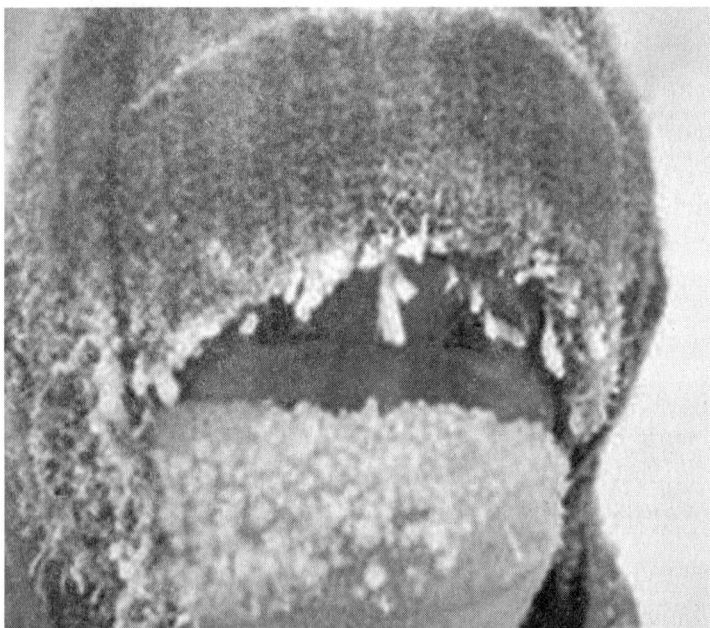
水汽瞬间在衣服和脸上结冰

人类文明在很大程度上依赖于最近1万年以来相对稳定的气候状况。大自然为人类提供了阳光、空气和水，以及生存所需的其他必要条件。但自然环境也有其严酷的一面：极地气温有时达−40℃，撒哈拉沙漠的某些地区会连续5年无降雨。气候的多样型，给人类带来不同的影响。

物候特征

不同的气候会对地貌、动植物的形态产生影响。因此，可以用典型的地貌、动植物的形态来表征某种气候，如热带雨林气候、荒漠草原气候、极地冰原气候等。

热带雨林气候　　　　　　　热带沙漠气候

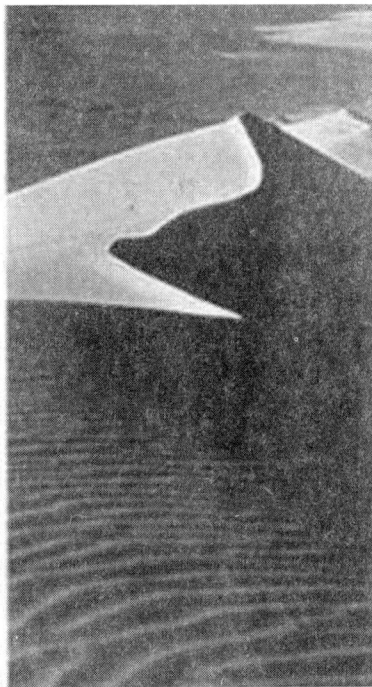

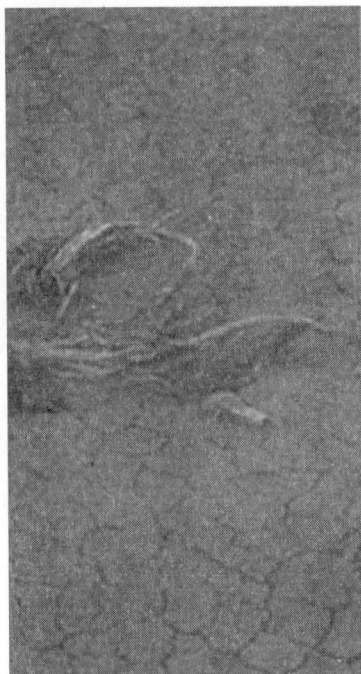

荒漠草原气候   极地冰原气候

气候对动植物的影响

蜗牛

蜗牛生存最适环境：温度16℃～30℃（23℃～30℃时，生长发育最快）；空气湿度60％～90％。当温度低于15℃或高于33℃时休眠；低于5℃或高于40℃，则可能被冻死或热死。

右图是沙漠中的抬尾芥虫在大雾的深夜爬上沙丘顶，高高地抬起屁股，你能想象它这样做的原因吗？

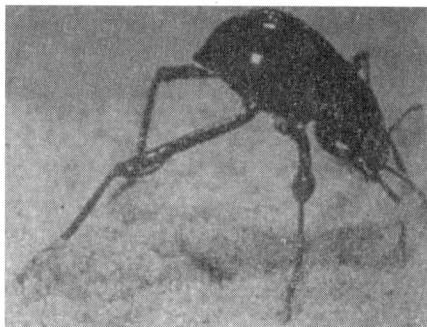

抬尾芥虫在大雾的夜里抬起屁股是为了让凝结在身上的水沿着身体流到

抬尾芥虫

嘴里，这是它们获得水分的主要方法。

橡胶气温5℃就会受到冻害　　哈密瓜最适宜生长在炎热、干旱少雨的地区。

柑橘害怕−7℃～−9℃低温，如果最低气温低于−9℃～−11℃，柑橘园会遭到毁灭性的冻害。

气候会对动植物生长产生影响，同时也会影响我们人类的"衣食住行"。

作为"遮蔽所"的建筑

建筑是人类为了抵御自然气候的严酷而建造的"遮蔽所"（Shelter），使室内的微气候（Micro Climate）适合人类的生存，同时也有防卫的功能。

现代人类发源于非洲热带森林周边地区，全年温度在29℃，可以裸体生活。当人类向气温低的

遮蔽物

地区迁移时，需要防冷御寒。衣服（还有被褥）是人类抵御气候的第一道遮蔽物，第一道防线，而建筑是第二道防线。正因为有衣服这第一道防线，才给作为遮蔽所的建筑留下较大的宽余度，使建筑形式的变化有较大的空间。肯尼斯·弗兰普顿对气候影响建筑有过精辟的言论：

气候因素影响水源、土壤、植被等其他地理因素，

并与之共同作用于人文环境。气候影响人的生理、心理因素，并体现为不同地域在风俗习惯、宗教信仰、社会审美等方面的差异性，最终间接影响到建筑本身。

在深层结构的层次上，气候条件决定了文化和它的表达方式，它的习俗和礼仪。在本源的意义上，气候是神话之源泉。

地球上各个地区巨大的气候差异在现代人工环境技术尚未出现的时代，在现在还未能采用这些技术的地区，造成了建筑的巨大的地区差异。

济州岛民居草屋顶的防风

赤道静风带的印尼民居防雨和风

在极地严寒地区，北极爱斯基摩人用雪块砌成的圆顶小屋，为了生存而非舒适，兽皮制成的服装起到至关重要的作用。

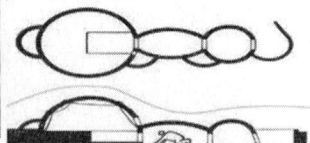

爱斯基摩人住的"雪屋"　　雪屋的结构模型图

沙漠气候酷热、严重缺水，采用厚重的蓄热墙体和屋顶，狭窄荫凉的街道，自然通风降温。

阿拉伯地区的房屋

陕北窑洞冬暖夏凉

江南古居

不同地方的人们为适应不同气候，开发出千姿百态的食物。

蔬菜

火锅

不同地方的人们为适应不同气候，采用了不同的交通方式。

船渡

骑马

不同的气候条件下适宜生长的农作物也不同。

东北小麦

新疆葡萄

江南水稻

热带水果

气候与服饰

清凉装

一旦气候发生异常，常常会给人们的生产和生活带来危害。

雪灾   水灾

旱灾   龙卷风

二、天气预报

昨天，下了一场大雨，地面积水严重，交通陷于瘫痪状态。

今天阳光明媚，是休闲娱乐的好日子。

明天天气是晴还是雨？好像是个未知数。

小风铃探究

天气与我们日常生活息息相关，我们对天气了解多少？未来天气如何，我们能否提前知道呢？

眼镜爷爷来揭秘

如今人们外出，只需收听或观看天气预报，就可以决定是否携带雨具，而在过去，则要顾虑天有不测风云。那么，气象台每天最重要的工作——预测未来天气是怎么预报的呢？天气预报就是根据全球各种气象观测资料，应用气象学原理和方法，对某区域或某一地点未来一段时间的天气状况做出预报，并及时服务于社会公众，以便趋利避害，最大限度地保障人民群众的生命财产安全。

天气预报的制作要经过一个复杂的过程。首先，分布在全球各地的地面、高

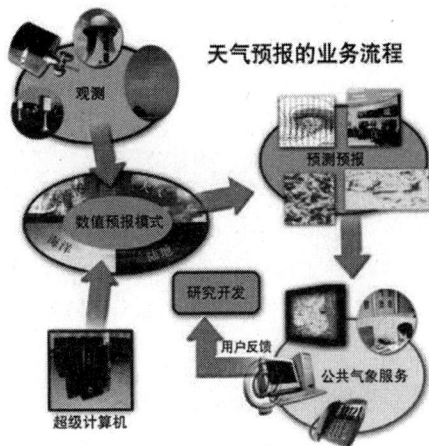

天气预报的业务流程

观测　数值预报模式　预测预报　研究开发　用户反馈　公共气象服务　超级计算机

空、海洋、船舶、天气雷达、气象卫星等各种气象观测站和设备，每天在规定的时间里，对大气进行系统的气象观测，获取最新的气象观测资料。

高空观测

海洋观测

天气雷达

地面自动气象站

气象卫星

这些反映了大气实际状况的气象观测资料，通过高速计算机通信网络迅速传递到世界各地的气象台。接下来，气象台的数据处理中心应用巨型计算机，对气象观测资料进行加工分析处理。

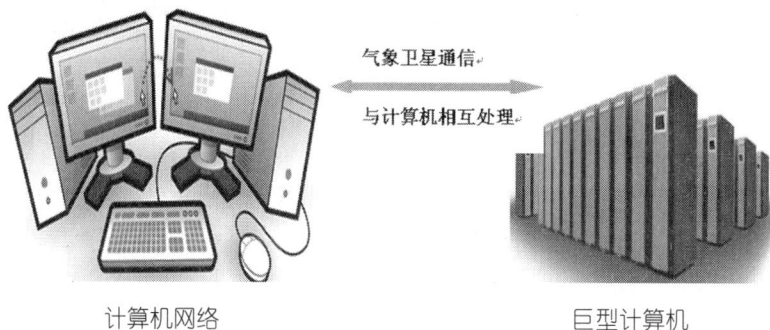

气象卫星通信

与计算机相互处理

计算机网络　　　　　　　　　　巨型计算机

预报员根据各种气象观测资料的分析结果，应用天气学、统计学、动力学等预报方法，结合实际工作经验，进行具体会商，对天气系统状况进行诊断与综合分析，做出未来的天气预报。

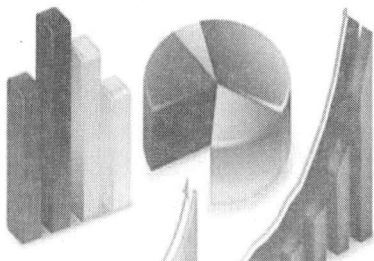

天气学、统计学　　　　　人工智能、预报员经验、远程可视会商

天气预报产品通过广播、电视、报纸、互联网、手机或公告形式发出去。

电话、电视、广播、互联网等形式

天气预报

央视天气预报的开场白："观众朋友晚上好，欢迎收看天气预报"，这一句话想必大家都非常熟悉了。主持人在解说天气时会用到一些用语。这些用语我们得知道。

时间用语
白天：08—20时 （北京时间，下同） 凌晨：03—05时 早晨：05—08时 上午：08—11时 中午：11—13时 下午：13—17时 傍晚：17—20时 夜间：当日20时——次日08时 上半夜：20—24时 下半夜：次日00—05时 半夜：23——次日01时

天气用语
晴天：天空无云，或中、低云云量不到天空的1/10，或高云云量不到天空的4/10。 少云：天空有1/10~3/10的中、低云，或有4/10~5/10的高云。 多云：天空云量较多，有4/10~7/10的中、低云，或有6/10~8/10的高云。 阴云：中、低云云量占天空面积的8/10及以上。

气温用语

今天最高气温：指今天白天出现的最高气温。受太阳辐射的影响，最高气温一般出现在14时左右。

明晨最低气温：指第二天早晨出现的最低气温，一般出现在清晨的6时左右。

明天最低气温：由于受冷空气影响等原因，最低气温不是出现在明天早晨，而是出现在明天白天，气象台往往用"明天最低气温"这个用语。

降水用语

零星小雨：降水时间很短，24小时降雨量不超过0.1毫米。
阴有雨：降雨过程中无间断或间断不明显的现象。
阴有时有雨：降雨过程中阴时雨，降雨有间断的现象。
阵雨：是指雨势大、时小、时停，雨滴下落和停止都突然的液态降水。
雷阵雨：指降水时伴有雷声或闪电的阵雨。
毛毛雨：指稠密、细小而十分均匀的液态降水，下落情况不易分辨，看上去似乎随空气微弱的运动飘浮在空中，徐徐下落。迎面有潮湿感，落在水面无波纹，落在地上只是湿润地面而无湿斑。
局部地区有雨：指降水地区分布不均匀，有的地方下，有的地方不下。

在进行天气预报时，我们不仅能听到主持人的解说，还可以看到很多简易的天气符号。下面的天气符号是天气预报中常用的。

晴	多云	阴	阵雨
雷阵雨	雷震雨并伴有冰雹	雨夹雪	小雨
中雨	大雨	暴雨	大暴雨
特大暴雨	阵雪	小雪	中雪
大雪	暴雪	雾	冻雨

沙尘暴　　小雨—中雨　　中雨—大雨　　大雨—暴雨

暴雨—大暴雨　　大暴雨—特大暴雨　　小雪—中雨　　中雪—大雪

大雪—暴雪　　浮尘　　扬沙　　强沙尘暴

指点迷津

早先的《天气预报》

在20世纪80年代之前，人们只能通过广播和报纸了解天气。

报纸上的天气预报很简短，《人民日报》上有北京地区的24小时预报。大家印象最深的，就是"夜里，南转北风一二级；白天，北转南风二三级"。

那时候，广播里天气预报的语速是非常缓慢的，是以记录速度进行播报的。有点像电视剧《潜伏》中余则成一边听一边记录广播中的各种暗语。

那时候广播中的天气预报，也的确有些暗语的味道。例如，5500米高空、冷涡、切变线、700毫巴等专业术语。能100%听懂天气预报的人寥寥无几，央视著名的天气预报主持人宋英杰回忆说，他就是听天气预报长大的，但没听懂天气预报就长大了。

而中央电视台《天气预报》诞生于1980年7月7日。

智斗赛诸葛

同学们，你能找出下面相对应的天气符号吗？你都知道哪些途径可以了解天气？

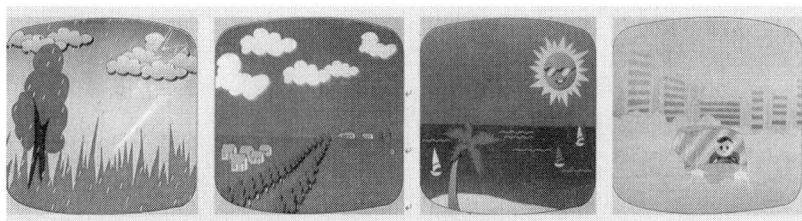

请找出与图片相对应的天气符号。

我们可以从哪些途径了解天气？

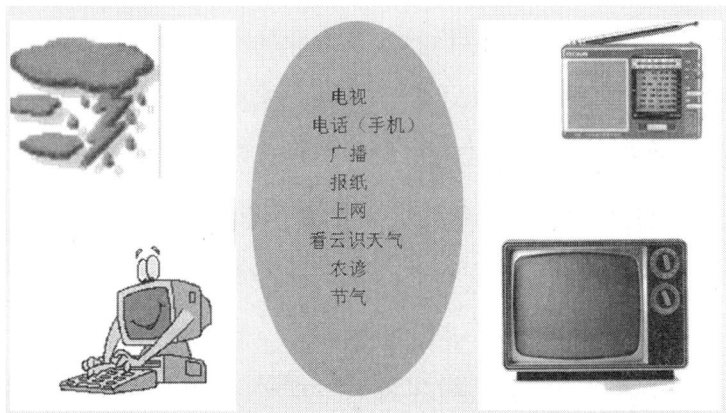

电视
电话（手机）
广播
报纸
上网
看云识天气
农谚
节气

135

三、气象服务

北京奥运会开幕式盛况

在2008年8月8日晚上的"鸟巢",奥运会开幕式给了世界一个惊喜。北京以自己的想象力挑战了创造的极限,以对于完美和圆满的追求回报了整个世界。中国给了世界灿烂的视觉震撼,展现了中国传统文化的神韵和气势,表达了对于人类共同价值的关怀。开幕式对于奥运会来说,绝不仅仅是一个引子,而是奥运会的核心内容之一和最具文化内涵的元素。

北京奥运会的成功举办,与无数中国人的默默奉献是分不开的。这其中就有这样一批人,他们是气象工作人员,为了北京奥运开幕式如期进行,他们时刻准备着,只要上级命令一下达，他们就立刻发射人工消雨"炮弹"。

小风铃探究

什么是人工消雨？

眼镜爷爷来揭秘

人工消雨是一种通过在降水云团的上游地区采用大范围、大规模的人工增雨作业，使天气系统的能量加速扩散，同时使得空中水滴提前快速形成，并且提前降落地面。这种方式可以使一些降水提前降落，从而保证了预定的好天气。另外一种方式是在目标区上风方，通常大约是30～60公里的距离，往云层里超量播撒冰核，使冰核含量达到降水标准的3至5倍，冰核数量多了，每个

人工消雨

冰核吸收的水分就少，无法形成足够大的雨滴。通俗来讲，就是让雨"憋着不下"。

8月8号发射了一千多枚人工降雨"炮弹"，据北京市人工影响天气办公室常务副主任张蔷介绍："北京在人工影响天气中用的催化剂除了碘化银之外，还采用了绿色环保催化剂液氮。液氮是我们在水库流域人工增雨工作中的主要催化剂。"在赛区上风方，往云层里超量播撒碘化银催化剂，燃烧形成烟剂，即形成超量的凝聚核；液氮的作用与干冰相近，在空气中变为气态时吸热，导致空气中水蒸气凝华和液化，附着在凝聚核上；由于凝聚核数量太多，每个核都无法形成足够大的雨滴，就能达到让雨"憋着不下"的目的。

气象变化万千，随着人们对老天爷摸得越来越透，人们可以借助一些技术手段和方法，对天气提前知晓或进行干预，做到趋利避害，为我们所用，让气象服务于人民。

农作物生长在大自然中，无时无刻不受气象条件的影响，特别是温度、降水、光照影响较大。

温室大棚

热量是农作物生命活动中不可缺少的生活因子。农作物的生长发育要求在一定的温度条件下进行，而且只有当热量累积到一定数量后，才能完成其生育进程并获得产量。

水是植物进行光合作用必不可少的原料，也是营养物质的输送者，它构成生命活动的基础。太阳光是植物进行

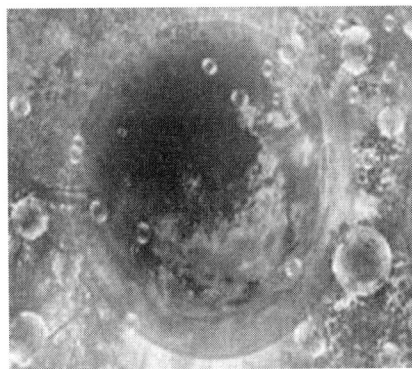

水

太阳光

光合作用的唯一源泉。生物学产量的90%以上是在光合作用过程中形成的初级合成产物。

一般可以认为当地的传统生产制度、生活方式和当地的正常气候大体是相适应的。但是气候略有变化，就可以对农业生产形成灾害。

旱灾

冻害

对影响农业生产全过程的气象环境条件及各种农业气象灾害进行监测、预测、评估，并及时发布农业气象情报、农业气象灾害、农业气象预测等服务信息，可以将农业被动地靠天吃饭的状态转变成主动让"天"为农业服务，进一步促进农业的持续发展。

随着经济的发展，人们在满足温饱的条件下，越来越重视生活质量，对休闲娱乐也越来越重视。旅游成为人们消遣的一种方式，而旅游与气象密切相关。

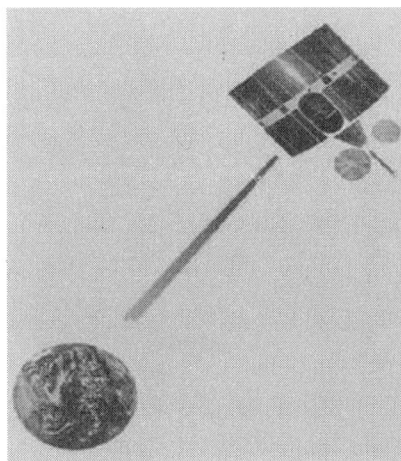

气象监测

气象预测

旅游与气象的关系主要表现在两方面：

其一，气候旅游资源的开发。不同类型的旅游区有不同的气候，同一个旅游区在不同的季节也都不一样，有效地利用当地的气候特点，推出旅游区的特色景点，可以大大提高旅游人数，进而提高经济效益。

其二，旅游气象服务。风和日丽的天气不仅具有特殊的景观功能，而且可以大大增添旅游情趣，人们当然不愿意在阴雨绵绵的天气外出旅游。

及时、有效的旅游气象服务，不但可以使人们在旅游时感受心旷神怡的舒适感，而且可以防止旅游者遭遇突发性天气的袭击，有效地保护旅游者的生命和财产安全。

第六章　还我一片蓝天

智慧导航

　　蓝天白云，青山绿水，这是我们对美丽家园的记忆，也是孩提时的美好记忆。现如今却很难找到一块洁净的空间，尤其在城市里或工业区，终日乌烟瘴气，阴霾笼罩，

实在令人不快。面对这一切，你是否会发出这样的慨叹："新鲜明净的大气，你去哪里了呢？快给大气治'病'吧，还我蓝天红日！"

一、烟雾污染

蓝天白云　青山绿水

上面是一张老照片，我们可以从照片中看到，那时天空是蔚蓝的，空气是清新的，山是绿油油的，水是清澈的。下面这幅图是最新拍摄的，从图片中我们可以看到，

烟雾缭绕

天空被烟雾笼罩着，空气浑浊不堪、臭气熏天，空气严重地污染了。

小风铃探究

地球是宇宙的绿洲，它赐给我们蓝色的天空、洁净的大气，以及丰富的资源财富，它是一颗罕见的"孕育了生命的星球"。如今"绿洲"却伤痕累累，往昔的胜景，我们也只能从老照片中去回味了。是什么原因让地球妈妈变成这样？有何补救措施？希望"亡羊补牢，为时未晚"。

眼镜爷爷来揭秘

随着人类经济活动和生产的迅速发展，在大量消耗能源的同时，也将大量的废气、烟尘物质排入大气，在太阳紫外线的作用下，产生化学反应，形成"光化学烟雾"，严重污染空气。城市上空笼罩着的白色烟雾（有时带有紫色或黄色），降低大气能见度，具有特殊气味，对眼睛和喉粘膜的刺激强，甚至可能造成呼吸困难。大气污染主要是人类活动造成的，最后还得由人类自己来解决。只是时间不等人，我们最好从现在起就坚决行动，采取措施，净化大气，还自然一片蓝天。

臭气熏天

　　人类生存的三大要素是空气、水和阳光。大家都知道人类需要呼吸新鲜的空气以维持生命，空气每天成千上万次有规则地通过鼻腔进出我们的肺部。成人一次呼吸的空气量约为500毫升，每分钟呼吸按16次计算，全天约为2万余次，所以每人每天吸入呼出的空气量约为1万升（约重13千克），相当于每天所需食物和饮水量的10倍。洁净的空气对生命来说比任何物质都重要，人在5天内不吃饭不饮水尚能生存，而空气仅断绝5分钟就会死亡。可见，空气乃是人类和其他一切生命有机体一刻也不能少的生存条件。可当我们呼吸到烟雾气体的浓度大约0.1ppm时〔ppm是英文partspermillion的缩写，译意是每百万分中的一部分，即表示百万分之（几），或称百万分率〕，短时间的接触就能使人流泪不止。当浓度增加至1ppm时，眼睛发痛难睁，并有头痛和呼吸困难症状。长期吸入，会引起咳嗽和气喘。光化学烟雾浓度达50ppm时，人将有死亡危险。

光化学烟雾

汽车尾气排放的
污染气体伤害人
呼吸系统

锅炉焚化过程排
放的可吸入悬浮
粒子会伤害人的
肺部功能

环境污染损失占
GDP3.05%,约损失
5118.2亿元

固废事故占0.1% 污
染事故占1.1%

工厂排放的二氧化碳
会刺激人的眼睛和喉
粘膜,排放的一氧化
碳会伤害人的心脏

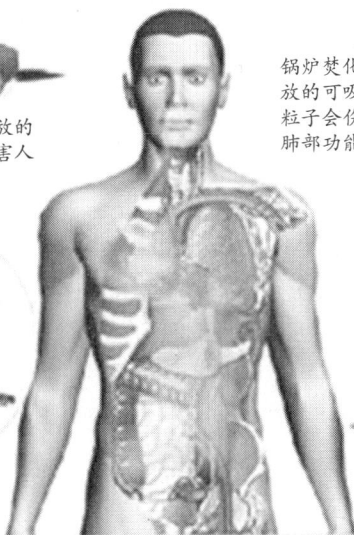

水环境
污染占
55.9%

大气污染
占42.9%

烟雾污染对人体的危害

光化学烟雾重大事件

马斯河谷烟雾事件

发生于1930年比利时的马斯河谷工业区，由于二氧化硫和粉尘污染对人体造成综合影响，一周内有近60人死亡，数千人患呼吸系统疾病。

马斯河谷烟雾事件

洛杉矶光化学烟雾事件

洛杉矶光化学烟雾事件

发生于1943年美国洛杉矶，当时该市的200多万辆汽车排放大量的汽车尾气，在紫外线照射下产生光化学烟雾，大量居民出现眼睛红肿、流泪、喉痛等症状，死亡率大大增加。

伦敦烟雾事件

伦敦烟雾事件

发生于1952年英国伦敦，由于冬季燃煤排放的烟尘和二氧化硫在浓雾中积聚不散，头两个星期死亡约4000人，以后的两个月内又有8000多人死亡。

多诺拉烟雾事件

多诺拉烟雾事件

发生于1948年美国宾夕法尼亚州的多诺拉镇，因炼锌厂、钢铁厂、硫酸厂排放的二氧化硫及氧化物和粉尘造成大气严重污染，使5900多位居民患病。事件发生的第一天就有17人死亡。

四日市哮喘病事件

四日市哮喘病事件

发生于1961年前后的日本四日市，由于石油化工和工业燃烧重油排放的废气严重污染大气，引起居民呼吸道病症剧增，尤其是哮喘病的发病率大大提高，50岁以上的老人发病率约为8%，死亡10多人。

二、酸雨危害

雨中垂钓

小风铃探究

上页第一幅图上，一位男子悠然自得地坐在湖岸的矮椅上，一手撑着雨伞，一手拿着渔竿垂钓。湿漉漉的水汽在清澈的河面上飘荡萦回，清新的空气不断向他迎面扑去，这一幅浓淡相宜的画卷让我们羡慕不已。

上页另一幅图上，同样是在雨中垂钓，但这位男子却没有那么幸运了，周围被工厂排出的浓烟所覆盖，所以他不得不戴个防毒面具；倾泻的雨水逐渐让湖水变了颜色，死鱼不断地漂上湖面。这种场面让人很震惊。难道这是老天爷给他开的一个玩笑？这让人困惑不已。

眼镜爷爷来揭秘

原来这是有着"空中死神"之名的酸雨在作怪。然而酸雨是怎么形成的呢？它主要是由于人类大量燃烧石油、煤炭和天然气所产生的二氧化硫和一氧化氮与大气中的水结合而形成的。随着现代工业的发展和人口的剧增，煤和石油的耗用量日益增加。因排放到大气中的二氧化碳和氮的氧化物越来越多，它们在大气中与水蒸气混合，生成硫酸、硝酸等，降雨时，雨水夹带着这些酸性颗粒降到地面，形成酸雨。其实在天然条件下，一般雨水也是微酸性的。原因是大气中的二氧化碳溶于纯净的雨水中，使雨水具有微酸性，一般pH值≥5.6。但是，如果大气受到酸性物质的污染，雨水的pH值就会进一步降低，酸性越强，pH值越小。

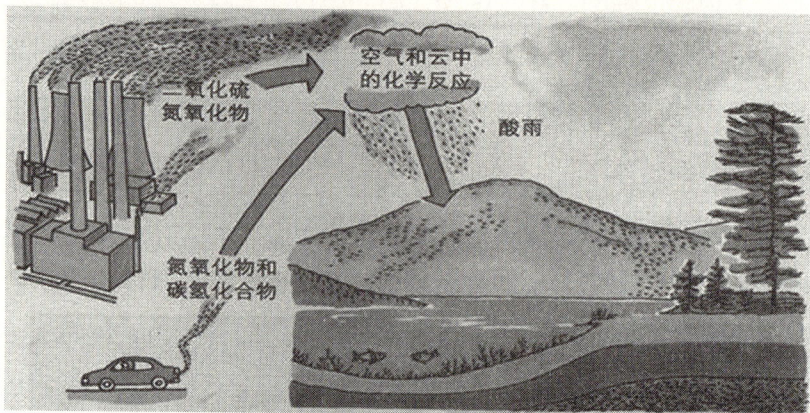

酸雨形成示意图

酸雨既然有"空中恶魔"、"空中死神"之称，说明酸雨的破坏力和危害很大，它会给地球生态环境和人类社会经济都带来严重的影响和破坏。研究表明，酸雨对土壤、水体、森林、建筑、名胜古迹等人文景观均带来严重危害，不仅造成重大经济损失，更危及人类生存和发展。

死神杀手——从化皮到化骨

酸雨对人体健康的影响

含酸性物质的空气能使人的呼吸道疾病加重。酸雨中含有的甲醛、丙烯酸等对人的眼睛有强烈的刺激作用。硫酸雾和硫酸盐雾的毒性比二氧化硫要高10倍,其微粒可侵入人体的深部组织,引起肺水肿和肺硬化等疾病而导致死亡。当空气中含0.8mg/L硫酸雾时,就会使人难受而致病。或者是人们饮用酸化的地面水和由土壤渗入金属含量较高的地下水,食用酸化湖泊和河流的鱼类等,一些重金属元素通过食物链逐渐积累进入人体,最终对人体造成危害。

酸雨损害人的呼吸系统

酸雨造成地表水体酸化，危害水生生物生长，破坏渔业生产。

淡水湖泊酸度的增加已经成为欧洲和北美洲影响水生态系统的主要环境因素，瑞典已有2.1万个湖泊和6万米长的河流酸化；美国也发

因酸度增加致死的鱼

现在密歇根半岛上有10%的湖泊已经酸化，湖水pH值降到5.0以下，成为酸湖。

下酸雨前

下酸雨后

酸雨破坏森林，危害农业

酸雨腐蚀损害植物，影响光合作用，使陆地生态平衡遭到破坏，致使树木生长缓慢或造成农作物枯死、农业

减产。正因为这些，酸雨被冠以"空中死神"、"空中恶魔"、"空中杀手"等令人厌恶的名字。

腐蚀金属，破坏铁路、桥梁等建筑

酸雨可以使铁路、桥梁等建筑的金属表面受到腐蚀，降低使用寿命，可以腐蚀油漆、皮革和纺织品，造成巨大的经济损失。

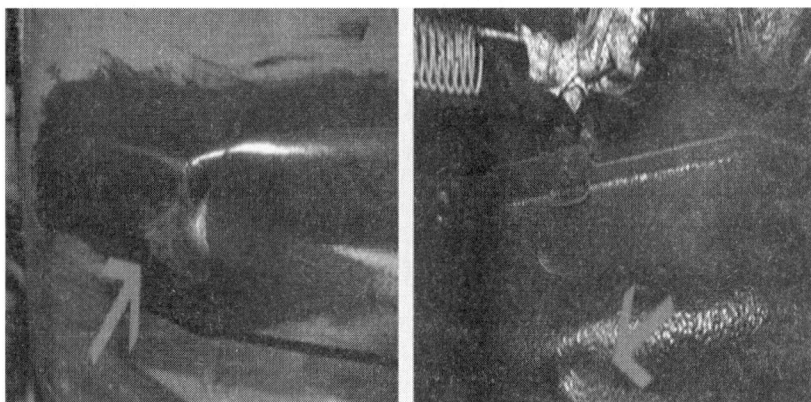

酸雨腐蚀金属

酸雨加速名胜古迹的风化与破坏

酸雨可以使主要为石灰石成分的纪念碑、塑像等受到

名胜古迹被腐蚀

腐蚀和破坏。酸雨正在和其他污染物一起把古希腊建筑溶化掉，如具有2000多年历史的雅典古城的大理石建筑和雕塑已千疮百孔，层层剥落。重庆嘉陵江大桥，其腐蚀速度为每年0.16毫米，用于钢结构的维护费每年达20万元以上。也有人就北京的汉白玉石雕做过研究，认为近30年来其受侵蚀的厚度已超过1厘米，比在自然状态下快几十倍。

指点迷津

酸雨的黑色幽默

泡菜

酸雨酸化了土壤以后，进一步也酸化了地下水。德国、波兰和前捷克交界的黑三角地区（当地先以森林，后以森林被酸雨破坏而著名）的一位家庭主妇，在接待日本客人奉茶时说："我们这个地区只有几口井的井水可供饮用。我们自己也常开玩笑说，只要用井水泡蔬菜，就能够做出很好的泡菜（酯胺菜）来。"

染发

酸化的地下水还腐蚀自来水管。瑞典南部马克郡的西里那村，有一户人家三个孩子的头发都从金黄色变成了绿色。这就是马克郡出名的"绿头发"事件。原因是他们把井中的汲水管由锌管换成了铜管，而pH值小于5.6的水对铜有较强的腐蚀性，产生了铜绿。所以这户人家的浴室和洗漱台都已被染成铜绿色。这种溶有铜或锌离子的水还能使婴幼儿发生原因不明的腹泻。马克郡的幼儿园发生过的集体"食物中毒"也是这个原因（大约半数的瑞典人都是把地下水作为饮用水源的）。英国的兰开夏郡，水龙头里曾放出含有因水管腐蚀而造成大量铁锈的浊水。酸雨甚至使输水管道因腐蚀而破裂。1985年圣诞节前4天，英国某地的直径1米的输水管破裂，备用的也都不能使用，使20万人一度处于断水的恐慌之中。

泰姬陵变色

大理石含钙特多，因此最怕酸雨侵蚀。例如，有两座高157米尖塔的著名的德国科隆大教堂，石壁表面已腐蚀得凹凸不平，"酸筋"累累。通向入口处的天使和玛利亚石像剥蚀得已经难以恢复。其中的砂岩（更易腐蚀）石雕近15年间甚至腐蚀掉了10厘米。已经进入《世界遗产名录》的著名的印度泰姬陵，由于大气污染和酸雨的腐蚀，大理石失去光泽，乳白色逐渐泛黄，有的变成了锈色。

国子监遭殃

我国北京国子监街孔庙内的"进士题名碑林"（共198块）距今已有700年历史，上面共镌刻了元、明、清三代51624名中第进士的姓名、籍贯和名次，是研究中国古代科举考试制度的珍贵实物资料，已被列为国家级文物重点保护单位。近年来，许多石碑表面因大气污染和酸雨出现了严重腐蚀剥落现象，具有珍贵历史价值的石碑已变得面目皆非。据管理人员介绍，这些石碑主要是最近3年中损坏得比较厉害，所以第198块进士题名碑距今虽只有不到百年的时间，但它的毁损程度也丝毫不亚于其他石碑。实际上，北京其他石质文物，例如大钟寺的钟刻、故宫汉白玉栏杆和石刻，以及卢沟桥的石狮等，也都不同程度存在着腐蚀或剥落现象。

自由女神化妆

酸雨同样也腐蚀金属文物古迹。例如，著名的美国纽约港自由女神像，钢筋混凝土外包的薄铜片因酸雨而变得疏松，一触即掉（而在1932年检查时还是完好的），因此不得不进行大修（已于1986年女神像建立100周年时修复完毕）。意大利威尼斯圣玛利亚教堂正面上部阳台上的四匹青铜马曾被拿破仑掠到巴黎，后来完璧归赵，近来却因酸雨损坏严重无法很好修复，只得移到室内，在原处用复制品代替。世界上类似情况还有许多。荷兰中部尤特莱希特大寺院中，有一套组合音韵钟，是在17世纪铸造的名钟。300年来人们一直十分喜欢听它的声音。可是近30年来钟的音程出了毛病，音色也逐渐变得不洪亮。因为钟的80%是用铜制的，由于敲钟时反复震动，铜锈逐渐剥落，酸雨腐蚀已经进入到钟的内部。

书画遭劫

带有酸性的细小粉尘（干沉降）进入室内，在空气相对湿度较大时，开始侵蚀图书馆中的古老藏书。纸张氧化成茶色，纸质变差以至毁损。英国国家图书馆部分藏书的皮封面也遭到硫酸侵害，好像浮着红锈似地正在变色。壁画情况也是如此。所幸后来欧洲加速治理大气污染，各种腐蚀和损害的速度又明显缓和下来了。油画腐蚀现象的恐惧症也在收藏家间扩大开来。白色或透明结晶的粒子，不仅在画的表面，而且在画布的背后，像粉一样喷出，过一段时间，这些粒子还会深入油彩层，使含化学颜料的油漆全部损坏，而不暴露在空气中的部位则没有这种现象。可见大气污染和干性沉降的危害有多大。

酸雨冰溜溜

建筑物中出现"酸雨冰溜溜"，又是酸雨危害的一件"新事物"。混凝土因酸雨而溶解，然后在下滴过程中水分蒸发，硫酸钙等固体成分留了下来，形成类似石灰岩溶洞中的"石钟乳"。而下滴到地面上的硫酸钙留下来则形成"石笋"。之所以叫"冰溜溜"，是因为这种"石钟乳"很像冬季从屋檐上流下来的冷水在流动过程中逐渐结冰而形成的下垂的"冰溜溜"。日本许多城市立交桥下和建筑物中都有这种"酸雨冰溜溜"。它使建筑物松散不牢固，甚至成为危险建筑物。关于酸雨对建筑物造成的损失，美国联邦环保局1985年曾有一个估计，在17个州共造成的损失高达50亿美元。主要原因是大楼损伤加速，涂料装饰很快剥落和窗框腐蚀。此外，因旅游减收带来的损失也有20亿美元。

酸雨袭击南极

令人震惊的是，南极也观测到了酸雨，而且是比较强的酸雨。我国南极长城站1998年4月曾先后8次观测到酸雨，其中最低pH值只有4.45。长城站的铁质房屋和塔台被锈蚀得层层剥落，有的不得不进行更新。为了减缓腐蚀，每年要刷2至3次油漆。

三、臭氧空洞

从地面向上观测，高空的臭氧层已极其稀薄，与周围相比像是形成了一个"洞"，直径上千里，"臭氧洞"就是因此而得名的。卫星观测表明，臭氧洞的覆盖面积有时甚至比美国的国土面积还要大。2000年，南极上空的臭氧空洞面积达创纪录的2800万平方公里，相当于4个澳大利亚。而2008年形成的南极臭氧空洞的面积到9月第二个星期就已达2700万平方公里，而2007年的臭氧空洞面积只有2500万平方公里。

进一步的研究和观测还发现，臭氧层的损耗不只发生在南极，在

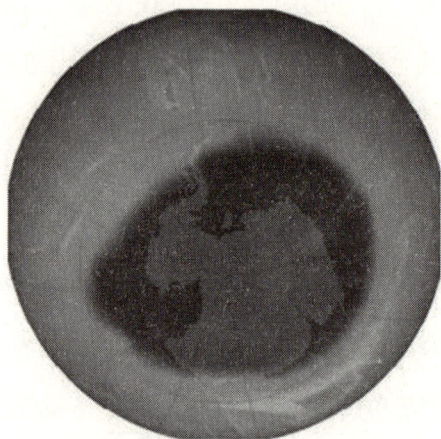

南极上空的臭氧空洞

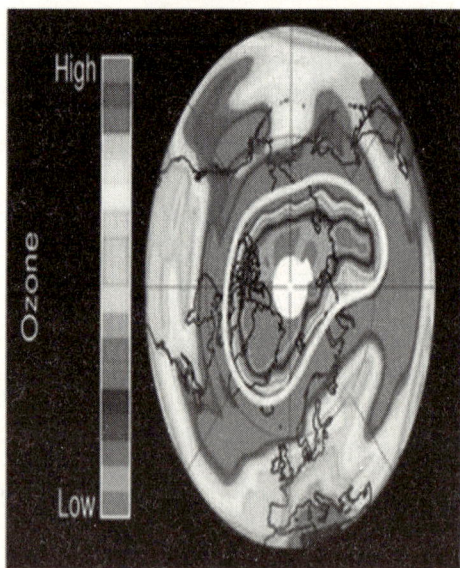

北极上空的臭氧空洞

北极上空和其他中纬度地区也都出现了不同程度的臭氧层损耗现象。

小风铃探究

臭氧在大气层中只是极其微少和脆弱的一层气体。如果在0℃的温度下，沿着垂直于地表的方向将大气中的臭氧全部压缩到一个标准大气压，那么臭氧层的总厚度只有3毫米左右。虽然臭氧所占大气的总量很少，但却起到了不可替代的作用，它是地表生物的"保护伞"，然而臭氧层发生了空洞现象，它是如何出现空洞的？它会给生物带来什么影响？

眼镜爷爷来揭秘

臭氧对太阳的紫外线辐射有很强的吸收作用，有效地阻挡了对地表生物有伤害作用的短波紫外线。因此，实际上可以说，直到臭氧层形成之后，生命才有可能在地球上生存、延续和发展，臭氧层是地表生物的"保护伞"。

自改革开放以来，氟利昂被广泛用做冰箱、冷冻机、空调等设备的制冷剂，聚氨酯泡沫和聚乙烯、聚苯乙烯泡沫中的发泡剂，气雾剂制品中的推进剂，电子线路板、精密金属零部件等的清洗剂及烟丝的膨胀剂等。哈龙则主要用做灭火器中的灭火剂。上述化学物质非常稳定，排到大气中可存留数十年，甚至 100 年左右，因此最终会破坏臭氧层。臭氧层被破坏会造成地球紫外线增加，紫外线会破坏包括DNA在内的生物分子，还会增加罹患皮肤癌、白内障的几率，而且和许多免疫系统疾病有关。海洋中的浮游生物会受致命的影响，导致海洋生态系统受破坏。臭氧层被破坏也会导致农作物减产。

灭火器　　　　　　　　　　　冰箱

因为臭氧层的主要成分是臭氧，臭氧会在氟利昂做催化剂的条件下生成氧气，这样一来臭氧的含量就会减少，而作为催化剂的氟利昂会一直起着催化作用，使臭氧不断形成氧气。这样一来就形成了臭氧层空洞。

紫外线辐射对人类健康的影响

臭氧破坏导致太阳紫外线UV-B（UVB波段，波长275～320nm，又称为中波红斑效应紫外线）的增加对人类

健康有严重的危害作用。潜在的危险包括引发和加剧眼部
疾病、皮肤癌和传染性疾病。

实验证明紫外线会损伤角膜和眼晶体，如引起白内
障、眼球晶体变形等。据分析，平流层臭氧减少1%，全球
白内障的发病率将增加0.6%~0.8%，全世界由于白内障而引
起失明的人数将增加10000~15000人；如果不对紫外线的增
加采取措施，从现在到2075年，UV-B辐射的增加将导致大
约1800万例白内障病例的发生。

紫外线辐射对人体的伤害

已有研究表明，长期暴露于强紫外线的辐射下，会导
致细胞内的改变，人体免疫系统的机能减退和人体抵抗疾
病的能力下降，这将使许多发展中国家本来就不好的健康
状况更加恶化，大量疾病的发病率和严重程度都会增加，
尤其是包括麻疹、水痘、疱疹等病毒性疾病以及疟疾等通

过皮肤传染的寄生虫病、肺结核和麻风病等细菌感染以及真菌感染等疾病。

对陆生植物的影响

植物衰败

粮食减产

当植物长期接受辐射时，可能会造成植物形态的改变，植物各部位生物质的分配，各发育阶段的时间及二级新陈代谢等。对森林和草地可能会改变物种的组成，进而影响不同生态系统的生物多样性的分布。

对水生生态系统的影响

世界上30%以上的动物蛋白质来自海洋，满足人类的各种需求。对臭氧洞范围内和臭氧洞以外地区的浮游植物生产力进行比较的结果表明，浮游植物生产力

要"天堂"不要"地狱"

下降与臭氧减少造成的UV-B辐射增加直接有关。由于浮游生物是水生生态系统食物链的基础，浮游生物种类和数量的减少会影响鱼类和贝类生物的产量。

古往今来，地球母亲用甘甜的乳汁哺育了无数子孙。原来的她被小辈们装饰得楚楚动人。可是，现在人类为了自身的利益，将她折磨得天昏地暗。快救救地球母亲吧，还地球一个美好的蓝天！

我们只有一个地球，我们只有一个家。如果人类再不好好保护环境的话，地球上的生物都将灭绝。热爱地球，热爱我们共同的家园；保护环境从我做起，从身边的点滴做起。

还我一片蓝天

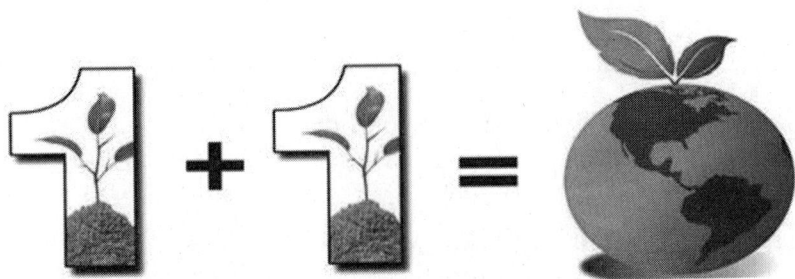
我们共同为地球添绿

生活中我们要节约，要环保，即"低碳生活"。"低碳"是一种生活习惯，是一种自然而然的节约身边各种资源的习惯，比如家里全部用节能灯，出行坐公交少开车，节约用水，少用塑料袋，用电磁炉、微波炉代替煤气灶等低碳生活方式。转向低碳经济的重要途径之一，是戒除以高耗能为代价的"便利消费"嗜好。"低碳经济"的理想形态是充分发展"阳光经济"、"风能经济"、"循环经济"。

低碳出行更健康

节约能源

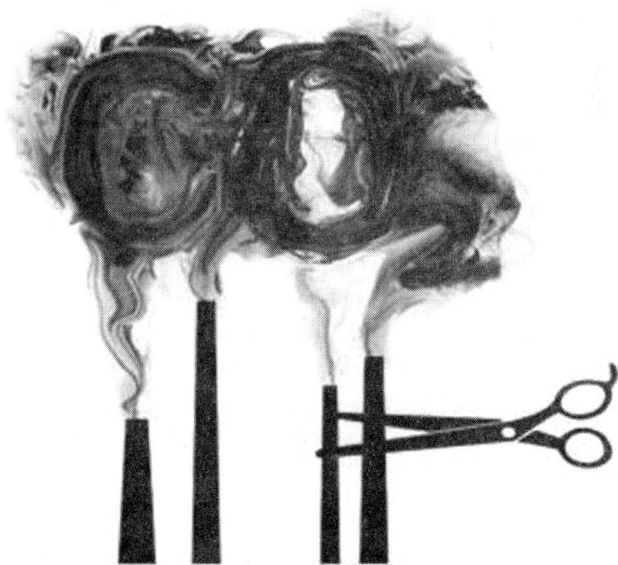

低碳排放

开发新能源

图书在版编目（CIP）数据

风云变幻 / 徐强，兰常德主编 ；汪冬秀，肖强编. —— 南昌 ：百花洲
文艺出版社，2012.12
 （地理大千世界丛书 / 叶滢主编）
ISBN 978-7-5500-0465-8

Ⅰ．①风… Ⅱ．①徐… ②兰… ③汪… ④肖… Ⅲ.①气象学－青年读物
②气象学－少年读物 Ⅳ．①P4-49

中国版本图书馆CIP数据核字(2012)第295263号

风云变幻

策　　划　宝骏　建华

主　　编　叶　滢

本册主编　徐　强　兰常德

出 版 人　姚雪雪
责任编辑　余　芷　李永山
美术编辑　彭　威
特约编辑　万仁荣
制　　作　马　赟
出版发行　百花洲文艺出版社
社　　址　南昌市阳明路310号
邮　　编　330008
经　　销　全国新华书店
印　　刷　江西千叶彩印有限公司
开　　本　787mm×1092mm　1/16　　印张　11
版　　次　2013年1月第1版第1次印刷
字　　数　120千字
书　　号　ISBN 978-7-5500-0465-8
定　　价　18.70元

赣版权登字 05-2012-154
邮购联系　0791-86894736
网　　址　http://www.bhzwy.com
图书若有印装错误，影响阅读，可向承印厂联系调换。